U0187942

# 大数据时代
# 计算机软件技术与开发设计研究

李 燕 著

中国建材工业出版社

北 京

**图书在版编目（CIP）数据**

大数据时代计算机软件技术与开发设计研究 / 李燕
著. -- 北京：中国建材工业出版社，2023.12
ISBN 978-7-5160-3886-4

Ⅰ．①大… Ⅱ．①李… Ⅲ．①软件开发—研究 Ⅳ．
①TP311.52

中国国家版本馆 CIP 数据核字（2023）第 226322 号

**大数据时代计算机软件技术与开发设计研究**
DASHUJU SHIDAI JISUANJI RUANJIAN JISHU YU KAIFA SHEJI YANJIU
李燕　著

出版发行：中国建材工业出版社
地　　址：北京市海淀区三里河路 11 号
邮　　编：100831
经　　销：全国各地新华书店
印　　刷：北京印刷集团有限责任公司
开　　本：787mm×1092mm　1/16
印　　张：9.5
字　　数：220 千字
版　　次：2024 年 5 月第 1 版
印　　次：2024 年 5 月第 1 次
定　　价：**68.00 元**

# 前　言

随着经济和社会的飞速发展，在计算机科学技术取得巨大成就的同时，也推动全球进入了信息化和大数据时代。现阶段，信息技术的发展进入了蓬勃发展时期，作为信息技术的支柱——软件无处不在，例如计算机、通信、工业控制、仪器仪表、智能家电等领域都离不开软件。计算机在不同的领域表现出巨大的影响力和较高的服务水平，其应用范围也在不断拓展和扩大。同时，社会经济发展的客观需求也在倒逼软件开发技术的快速发展和创新，在不断研发和优化计算机软件结构和功能中实现某些特定的性能和服务。

本书从大数据与计算机软件概述入手，针对计算机软件技术基础理论、计算机存储技术、局域网组建与互联技术的发展应用进行分析研究；重点剖析了软件开发环境、工具与方法，面向对象软件设计开发与人机交互设计，计算机软件总体与详细设计流程等内容。

本书条理清晰、内容精炼、重点突出、实用性强，希望能够给从事相关行业的读者带来一些有益的参考和借鉴。

由于作者知识水平和经验有限，书中错误和不当之处在所难免，敬请各位读者和专家提出宝贵意见，以便进一步完善内容。

作者

2023 年 9 月

# 目 录

# 第一章　大数据与计算机软件概述

## 第一节　大数据概述

### 一、大数据理论基础

#### （一）数据类型繁多

大数据的数据来源众多，科学研究、企业应用和 Web 应用等都在源源不断地生成新的数据。生物大数据、交通大数据、医疗大数据、电信大数据、电力大数据、金融大数据等都呈现出"井喷式"增长，所涉及的数量巨大，已经从 TB（Terabyte，字节）级别跃升到 PB（petabyte，较高级的储存单位）级别。

大数据的数据类型丰富，包括结构化数据和非结构化数据，其中，前者占 10% 左右，主要是指存储在关系数据库中的数据；后者占 90% 左右，种类繁多，主要包括邮件、音频、视频、微信、微博、位置信息、链接信息、手机呼叫信息、网络日志等。

如此类型繁多的异构数据，对数据处理和分析技术提出了新的挑战，也带来了新的机遇。传统数据主要存储在关系数据库中，但是，在类似 Web 等应用领域中，越来越多的数据开始被存储在非关系型数据库中，这就必然要求在集成的过程中进行数据转换，而这种转换的过程是非常复杂和难以管理的。传统的联机分析处理和商务智能工具大都面向结构化数据，而在大数据时代，用户友好的、支持非结构化数据分析的商业软件也将迎来广阔的市场空间。

#### （二）处理速度快

大数据时代的很多应用都需要基于快速生成的数据给出实时分析结果，用于指导生产和生活实践。因此，数据处理和分析的速度通常要达到秒级响应，这一点和传统的数据挖掘技术有着本质的不同，后者通常不要求给出实时分析结果。

为了实现快速分析海量数据的目的，新兴的大数据分析技术通常采用集群处理和独特的内部设计。以谷歌公司的 Dremel 为例，它是一种可扩展的、交互式的实时查询系统，用于只读嵌套数据的分析，通过结合多级树状执行过程和列式数据结构，它能做到几秒内完成对万亿张表的聚合查询，系统可以扩展到成千上万的 CPU 上，满足谷歌上万用户操作 PB 级数据的需求，并且可以在 2~3s 内完成 PB 级别数据的查询。

#### （三）价值密度低

大数据虽然看起来很美，但是价值密度却远远低于传统关系数据库中已经有的那些数据。在大数据时代，很多有价值的信息都是分散在海量数据中的。以小区监控视频为例，如果没有意外事件发生，连续不断产生的数据都是没有任何价值的，当发生偷盗等意外情况时，也只有记录了事件过程的那一小段视频是有价值的。但是，为了能够获得发生偷盗等意外情况时的那一段宝贵的视频，人们不得不投入大量资金购买监控设备、网络设备、存储设备，耗费大量的电能和存储空间，来保存摄像头连续不断传来的监控数据。

如果这个实例还不够典型的话，那么可以想象另一个更大的场景。假设一个电子商务网站希望通过微博数据进行有针对性的营销，为了实现这个目的，就必须构建一个能存储和分析新浪微博数据的大数据平台，使之能够根据用户微博内容进行有针对性的商品需求趋势预测。愿景很美好，但是现实代价很大，可能需要耗费几百万元构建整个大数据团队和平台，而最终带来的企业销售利润增加额可能会比投入低许多，从这点来说，大数据的价值密度是较低的。

## 二、大数据的影响

大数据对科学研究、思维方式和社会发展都具有重要而深远的影响。在科学研究方面，大数据使得人类科学研究在经历了实验、理论、计算三种范式之后，迎来了第四种范式——数据；在思维方式方面，大数据具有"全样而非抽样、效率而非精确、相关而非因果"三大显著特征，完全颠覆了传统的思维方式；在社会发展方面，大数据决策逐渐成为一种新的决策方式，大数据应用有力促进了信息技术与各行业的深度融合，大数据开发大大推动了新技术和新应用的不断涌现；在就业市场方面，大数据的兴起使得数据科学家成为热门人才；在人才培养方面，大数据的兴起将在很大程度上改变我国高校信息技术相关专业的现有教学和科研体制。

### （一）大数据对科学研究的影响

图灵奖获得者、著名数据库专家吉姆·格雷（Jim Grav）博士观察并总结认为，人类自古以来在科学研究上先后历经了实验、理论、计算和数据四种范式。

#### 1. 第一种范式：实验科学

在最初的科学研究阶段，人类采用实验来解决一些科学问题，著名的比萨斜塔实验就是一个典型实例。16世纪90年代，伽利略在比萨斜塔上做了"两个铁球同时落地"的实验，得出了重量不同的两个铁球同时下落的结论，从此推翻了亚里士多德"物体下落速度和重量成比例"的学说，纠正了这个持续了1900年之久的错误结论。

#### 2. 第二种范式：理论科学

实验科学的研究会受到当时实验条件的限制，难以完成对自然现象更精确的理解。随着科学的进步，人类开始采用各种数学、几何、物理等理论，构建问题模型和解决方案。比如，牛顿第一定律、牛顿第二定律、牛顿第三定律构成了牛顿力学的完整体系，奠定了经典力学的概念基础，它的广泛传播和运用对人们的生活和思想产生了重大影响，在很大程度上推动了人类社会的发展与进步。

#### 3. 第三种范式：计算科学

随着20世纪40年代人类历史上第一台计算机ENIAC的诞生，人类社会开始步入计算机时代，科学研究也进入了一个以"计算"为中心的全新时期。在实际应用中，计算科学主要用于对各个科学问题进行计算机模拟和其他形式的计算。通过设计算法并编写相应程序输入计算机运行，人类可以借助于计算机的高速运算能力去解决各种问题。计算机具有存储容量大、运算速度快、精度高、可重复执行等特点，是科学研究的利器，推动了人类社会的飞速发展。

4. 第四种范式：数据密集型科学

随着数据的不断累积，其宝贵价值日益得到体现，物联网和云计算的出现，更是促成了事物发展从量变到质变的转变，使人类社会开启了全新的大数据时代。这时，计算机将不仅仅能做模拟仿真，还能进行分析总结，得到理论。在大数据环境下，一切将以数据为中心，从数据中发现问题、解决问题，真正体现数据的价值。大数据将成为科学工作者的宝藏，从数据中可以挖掘未知模式和有价值的信息，服务于生产和生活，推动科技创新和社会进步。虽然第三种范式和第四种范式都是利用计算机来进行计算，但是两者还是有本质的区别的。在第三种研究范式中，一般是先提出可能的理论，再搜集数据，然后通过计算来验证。而对于第四种研究范式，则是先有了大量已知的数据，然后通过计算得出之前未知的理论。

## (二) 大数据对思维方式的影响

维克托·迈尔·舍恩伯格在《大数据时代：生活、工作与思维的大变革》一书中明确指出，大数据时代最大的转变就是思维方式的三种转变：全样而非抽样、效率而非精确、相关而非因果。

1. 全样而非抽样

过去，由于数据存储和处理能力的限制，在科学分析中，通常采用抽样的方法，即从全集数据中抽取一部分样本数据，通过对样本数据的分析来推断全集数据的总体特征。通常，样本数据规模要比全集数据小很多，因此，可以在可控的代价内实现数据分析的目的。现在，人们已经迎来大数据时代，大数据技术的核心就是海量数据的存储和处理，分布式文件系统和分布式数据库技术提供了理论上近乎无限的数据存储能力，分布式并行编程框架 MapReduce 提供了强大的海量数据并行处理能力。因此，有了大数据技术的支持，科学分析完全可以直接针对全集数据而不是抽样数据，并且可以在短时间内迅速得到分析结果，速度之快，超乎想象。就像前面已经提到过的，谷歌公司的 Dremel 可以在 2～3s 内完成 PB 级别数据的查询。

2. 效率而非精确

过去，在科学分析中采用抽样分析方法，就必须追求分析方法的精确性，因为抽样分析只是针对部分样本的分析，其分析结果被应用到全集数据以后，误差会被放大，这就意味着，抽样分析的微小误差被放大到全集数据以后，可能会变成一个很大的误差。因此，为了保证误差被放大到全集数据时仍然处于可以接受的范围，就必要确保抽样分析结果的精确性。正是由于这个原因，传统的数据分析方法往往更加注重提高算法的精确性，其次才是提高算法效率。现在，大数据时代采用全样分析而不是抽样分析，全样分析结果就不存在误差被放大的问题。因此，追求高精确性已经不是其首要目标；相反，大数据时代具有"秒级响应"的特征，要求在几秒内就迅速给出针对海量数据的实时分析结果，否则就会丧失数据的价值，因此，数据分析的效率成为关注的核心。

### 3. 相关而非因果

过去，数据分析的目的，一方面是解释事物背后的发展机理，比如，一个大型超市在某个地区的连锁店在某个时期内净利润下降很多，这就需要 IT 部门对相关销售数据进行详细分析找出发生问题的原因；另一方面是用于预测未来可能发生的事件，比如，通过实时分析微博数据，当发现人们对雾霾的讨论明显增加时，就可以建议销售部门增加口罩的进货量，因为人们关注雾霾的一个直接结果是，大家会想到购买一个口罩来保护自己的身体健康。不管是哪个目的，其实都反映了一种"因果关系"。但是，在大数据时代，因果关系不再那么重要，人们转而追求"相关性"而非"因果性"。比如，人们去淘宝网购物时，当购买了一个汽车防盗锁以后，淘宝网还会自动提示你，与你购买相同物品的其他客户还购买了汽车坐垫，也就是说，淘宝网只会告诉你"购买汽车防盗锁"和"购买汽车坐垫"之间存在相关性，但是并不会告诉你为什么其他客户购买了汽车防盗锁以后还会购买汽车坐垫。

## （三）大数据对社会发展的影响

大数据将会对社会发展产生深远的影响，具体表现在以下几个方面：大数据决策成为一种新的决策方式，大数据应用促进信息技术与各行业的深度融合，大数据开发推动新技术和新应用的不断涌现。

### 1. 大数据决策成为一种新的决策方式

根据数据制定决策，并非大数据时代所特有。从 20 世纪 90 年代开始，数据仓库和商务智能工具就开始大量用于企业决策。发展到今天，数据仓库已经是一个集成的信息存储仓库，既具备批量和周期性的数据加载能力，也具备数据变化的实时探测、传播和加载能力，并能结合历史数据和实时数据实现查询分析和自动规则触发，从而提供对战略决策和战术决策的双重支持。但是，数据仓库以关系数据库为基础，无论是数据类型还是数据量方面都存在较大的限制。现在，大数据决策可以面向类型繁多的、非结构化的海量数据进行决策分析，已经成为受到追捧的全新决策方式。比如，政府部门可以把大数据技术融入"舆情分析"，通过对论坛、微博、微信、社区等多种来源数据进行综合分析，弄清或测验信息中本质性的事实和趋势，揭示信息中含有的隐性情报内容，对事物发展做出情报预测，协助实现政府决策，有效应对各种突发事件。

### 2. 大数据应用促进信息技术与各行业的深度融合

互联网、银行、保险、交通、材料、能源、服务等行业领域，不断累积的大数据将加速推进这些行业与信息技术的深度融合，开辟行业发展的新方向。比如，大数据可以帮助快递公司选择运费成本最低的最佳行车路径，协助投资者选择收益最大化的股票投资组合，辅助零售商有效定位目标客户群体，帮助互联网公司实现广告精准投放，还可以让电力公司做好配送电计划确保电网安全等。总之，大数据所触及的每个角落，社会生产和生活都会因之而发生巨大且深刻的变化。

### 3. 大数据开发推动新技术和新应用的不断涌现

大数据的应用需求是大数据新技术开发的源泉。在各种应用需求的强烈驱动下，各种突破性的大数据技术将被不断提出并得到广泛应用，数据的能量也将不断得到释放。在不远的将来，原来那些依靠人类自身判断力的领域应用，将逐渐被各种基于大数据的应用所取代。比如，今天的汽车保险公司，只能凭借少量的车主信息，对客户进行简单类别划分，并根据客户的汽车出险次数给予相应的保费优惠方案，客户选择哪家保险公司都没有太大差别。随着车联网的出现，"汽车大数据"将会深刻改变汽车保险业的商业模式，如果某家商业保险公司能够获取客户车辆的相关细节信息，并利用事先构建的数学模型对客户等级进行更加细致的判定，给予更加个性化的"一对一"优惠方案，那么毫无疑问，这家保险公司将具备明显的市场竞争优势，获得更多客户的青睐。

### （四）大数据对人才培养的影响

大数据的兴起将在很大程度上改变中国高校信息技术相关专业的现有教学和科研体制。一方面，数据科学家是一个需要掌握统计、数学、机器学习、可视化、编程等多方面知识的复合型人才，在中国高校现有的学科和专业设置中，上述专业知识分布在数学、统计和计算机等多个学科中，任何一个学科都只能培养某个方向的专业人才，无法培养全面掌握数据科学相关知识的复合型人才。另一方面，数据科学家需要大数据应用实战环境，在真正的大数据环境中不断学习、实践并融会贯通，将自身技术背景与所在行业业务需求进行深度融合，从数据中发现有价值的信息。目前国内的数据科学家人才并不是由高校培养的，而主要是在企业实际应用环境中通过边工作边学习的方式不断成长起来的，其中，互联网领域集中了大多数的数据科学家人才。

高校培养数据科学家人才需要采取"两条腿"走路的策略，即"引进来"和"走出去"。所谓"引进来"，是指高校要加强与企业的紧密合作，从企业引进相关数据，为学生搭建起接近企业应用实际的、仿真的大数据实战环境，让学生有机会理解企业业务需求和数据形式，为开展数据分析奠定基础，同时从企业引进具有丰富实战经验的高级人才，承担起数据科学家相关课程教学任务，切实提高教学质量、水平和实用性。所谓"走出去"，是指积极鼓励和引导学生走出校园，进入互联网、金融、电信等具备大数据应用环境的企业去开展实践活动，同时努力加强产、学、研合作，创造条件让高校教师参与到企业大数据项目中，实现理论知识与实际应用的深层次融合，锻炼高校教师的大数据实战能力，为更好培养数据科学家人才奠定基础。

在课程体系的设计上，高校应该打破学科界限，设置跨院系跨学科的"组合课程"，由来自计算机、数学、统计等不同院系的教师构建联合教学师资力量，多方合作，共同培养具备大数据分析基础能力的数据科学家，使其全面掌握包括数学、统计学、数据分析、商业分析和自然语言处理等在内的系统知识，具有独立获取知识的能力，并具有较强的实践能力和创新意识。

## 三、大数据关键技术

当人们谈到大数据时，往往并非仅指数据本身，而是数据和大数据技术两者的综合。所谓大数据技术，是指伴随着大数据的采集、存储、分析和应用的相关技术，是一系列使用非传统的工具来对大量的结构化、半结构化和非结构化数据进行处理，从而获得分析和预测结果的一系列数据处理和分析技术。

讨论大数据技术时，需要首先了解大数据的基本处理流程，主要包括数据采集、存储、分析和结果呈现等环节。数据无处不在，互联网网站、政务系统、零售系统、办公系统、自动化生产系统、监控摄像头、传感器等，每时每刻都在不断产生数据。这些分散在各处的数据，需要采用相应的设备或软件进行采集。采集到的数据通常无法直接用于后续的数据分析，因为对于来源众多、类型多样的数据而言，数据缺失和语义模糊等问题是不可避免的，因而必须采取相应措施有效解决这些问题，这就需要一个被称为"数据预处理"的过程，把数据变成一个可用的状态。数据经过预处理以后，会被存放到文件系统或数据库系统中进行存储与管理，然后采用数据挖掘工具对数据进行处理分析，最后采用可视化工具为用户呈现结果。在整个数据处理过程中，还必须注意隐私保护和数据安全问题。

因此，从数据分析全流程的角度，大数据技术主要包括数据采集与预处理、数据存储和管理、数据处理与分析、数据安全和隐私保护等几个层面的内容。

需要指出的是，大数据技术是许多技术的一个集合体，这些技术也并非全部都是新生事物，诸如关系数据库、数据仓库、数据采集、ETL、OLAP、数据挖掘、数据隐私和安全、数据可视化等技术是已经发展多年的技术，在大数据时代得到不断补充、完善、提高后又有了新的升华，也可以视为大数据技术的一个组成部分。

## 四、大数据计算模式

MapReduce 是被大家所熟悉的大数据处理技术，当人们提到大数据时就会很自然地想到 MapReduce，可见其影响力之广。实际上，大数据处理的问题复杂多样，单一的计算模式是无法满足不同类型的计算需求的，MapReduce 其实只是大数据计算模式中的一种，它代表了针对大规模数据的批量处理技术，除此以外，还有查询分析计算、图计算、流计算等多种大数据计算模式。

### （一）批处理计算

批处理计算主要解决针对大规模数据的批量处理，也是人们日常数据分析工作中非常常见的一类数据处理需求。MapReduce 是最具有代表性和影响力的大数据批处理技术，可以并行执行大规模数据处理任务，用于大规模数据集（大于 1TB）的并行运算。MapReduce 极大地方便了分布式编程工作，它将复杂的、运行于大规模集群上的并行计算过程高度地抽象到了两个函数——Map 和 Reduce 上，编程人员在不会分布式并行编程的情况下，也可以很容易地将自己的程序运行在分布式系统上，完成海量数据集的计算。

Spark 是一个针对超大数据集合的低延迟的集群分布式计算系统，比 MapRe－duce 快许多。Spark 启用了内存分布数据集，除了能够提供交互式查询外，还可以优化迭代工作负载。在 MapReduce 中，数据流从一个稳定的来源进行一系列加工处理后，流出到一个稳定的文件系统。

而对于 Spark 而言，则使用内存替代 HDFS 或本地磁盘来存储中间结果，因此 Spark 要比 MapReduce 的速度快许多。

## （二）流计算

流数据也是大数据分析中的重要数据类型。流数据是指在时间分布和数量上无限的一系列动态数据集合体，数据的价值随着时间的流逝而降低，因此必须采用实时计算的方式给出秒级响应。流计算可以实时处理来自不同数据源的、连续到达的流数据，经过实时分析处理，给出有价值的分析结果。目前业内已涌现出许多的流计算框架与平台，第一类是商业级的流计算平台；第二类是开源流计算框架等；第三类是公司为支持自身业务开发的流计算框架。

## （三）图计算

在大数据时代，许多大数据都是以大规模图或网络的形式呈现，如社交网络、传染病传播途径、交通事故对路网的影响等，此外，许多非图结构的大数据也常常会被转换为图模型后再进行处理分析。MapReduce 作为单输入、两阶段、粗粒度数据并行的分布式计算框架，在表达多迭代、稀疏结构和细粒度数据时，往往显得力不从心，不适合用来解决大规模图计算问题。因此，针对大型图的计算，需要采用图计算模式，目前已经出现了不少相关图计算产品。Pregel 是一种基于 BSP 模型实现的并行图处理系统。为了解决大型图的分布式计算问题，Pregel 搭建了一套可扩展的、有容错机制的平台，该平台提供了一套非常灵活的 API，可以描述各种各样的图计算。Pregel 主要用于图遍历、最短路径、PageRank 计算等。其他代表性的图计算产品还包括 Facebook 针对 Pregel 的开源实现 Giraph、Spark 下的 GraphX、图数据处理系统 PowerGraph 等。

## （四）查询分析计算

针对超大规模数据的存储管理和查询分析，需要提供实时或准实时的响应，才能很好地满足企业经营管理需求。谷歌公司开发的 Dremel 是一种可扩展的、交互式的实时查询系统，用于只读嵌套数据的分析。通过结合多级树状执行过程和列式数据结构，它能做到几秒内完成对万亿张表的聚合查询。系统可以扩展到成千上万的 CPU 上，满足谷歌上万用户操作 PB 级的数据，并且可以在 2～3s 内完成 PB 级别数据的查询。

# 五、大数据与云计算、物联网

云计算、大数据和物联网代表了 IT 领域最新的技术发展趋势，三者相辅相成，既有联系又有区别。为了更好地理解三者之间的紧密关系，下面将首先简要介绍云计算和物联网的概念，再分析云计算、大数据和物联网的区别与联系。

## （一）云计算

### 1. 云计算的概念

云计算实现了通过网络提供可伸缩的、廉价的分布式计算能力，用户只需要在具备网络接入条件的地方，就可以随时随地获得所需的各种 IT 资源。云计算代表了以虚拟化技术为核心、以低成本为目标的、动态可扩展的网络应用基础设施，是近年来最有代表性的网络计算技术与模式。

云计算包括三种典型的服务模式，即 IaaS（基础设施即服务）、PaaS（平台即服务）和 SaaS（软件即服务）。IaaS 将基础设施（计算资源和存储）作为服务出租，PaaS 把平台作为服务出租，SaaS 把软件作为服务出租。

云计算包括公有云、私有云和混合云 3 种类型。公有云面向所有用户提供服务，只要是注册付费的用户都可以使用；私有云只为特定用户提供服务，比如大型企业出于安全考虑自建的云环境，只为企业内部提供服务；混合云综合了公有云和私有云的特点，因为对于一些企业而言，一方面出于安全考虑需要把数据放在私有云中，另一方面又希望可以获得公有云的计算资源，为了获得最佳的效果，就可以把公有云和私有云进行混合搭配使用。

可以采用云计算管理软件来构建云环境，OpenStack 就是一种非常流行的构建云环境的开源软件。OpenStack 管理的资源不是单机的而是一个分布的系统，它把分布的计算、存储、网络、设备、资源组织起来，形成一个完整的云计算系统，帮助服务商和企业内部实现类似于 Amazon EC2 和 S3 的云基础架构服务。

## 2. 云计算的关键技术

云计算的关键技术包括虚拟化、分布式存储、分布式计算、多租户等。

（1）虚拟化

虚拟化技术是云计算基础架构的基石，是指将一台计算机虚拟为多台逻辑计算机，在一台计算机上同时运行多个逻辑计算机，每个逻辑计算机可运行不同的操作系统，并且应用程序都可以在相互独立的空间内运行而互不影响，从而显著提高计算机的工作效率。

虚拟化的资源可以是硬件，也可以是软件。以服务器虚拟化为例，它将服务器物理资源抽象成逻辑资源，让一台服务器变成几台甚至上百台相互隔离的虚拟服务器，不再受限于物理上的界限，而是让 CPU、内存、磁盘、I/O 等硬件变成可以动态管理的"资源池"，从而提高资源的利用率，简化系统管理，实现服务器整合，让 IT 对业务的变化更具适应力。

（2）分布式存储

面对"数据爆炸"的时代，集中式存储已经无法满足海量数据的存储需求，分布式存储应运而生。GFS 是谷歌公司推出的一款分布式文件系统，可以满足大型、分布式、对大量数据进行访问的应用的需求。GFS 具有很好的硬件容错性，可以把数据存储到成百上千台服务器上面，并在硬件出错的情况下尽量保证数据的完整性。GFS 还支持 GB 或者 TB 级别超大文件的存储，一个大文件会被分成许多块，分散存储在由数百台机器组成的集群里。HDFS 是对 GFS 的开源实现，它采用了更加简单的"一次写入、多次读取"文件模型，文件一旦创建、写入并关闭了，之后就只能对它执行读取操作，而不能执行任何修改操作；同时，HDFS 是基于 Java 实现的，具有强大的跨平台兼容性，只要是 JDK 支持的平台都可以兼容。

（3）分布式计算

面对海量的数据，传统的单指令单数据流顺序执行的方式已经无法满足快速数据处理的要求；同时，也不能寄希望于通过硬件性能的不断提升来满足这种需求，因为晶体管电路已经逐渐接近其物理上的性能极限，摩尔定律已经开始慢慢失效，CPU 处理能力再也不会每隔 18 个月翻一番。在这样的大背景下，谷歌公司提出了并行编程模型 MapReduce，让任何人都可以在短时间内迅速获得海量计算能力，它允许开发者在不具备并行开发经验的前提下也能够开发出分布式的并行程序，并让其同时运行在数百台机器上，在短时间内完成海量数据的计算。MapReduce 将复杂的、运行于大规模集群上的并行计算过程抽象为两个函数：Map 和 Reduce，并把一个大数据集切分成多个小的数据集，分布到不同的机器上进行并行处理，极大提高了数据处理速度，可以有效满足许多应用对海量数据的批量处理需求。Hadoop 开源实现了 MapReduce 编程框架，被广泛应用于分布式计算。

（4）多租户

多租户技术目的在于使大量用户能够共享同一堆栈的软硬件资源，每个用户按需使用资源，能够对软件服务进行客户化配置，而不影响其他用户的使用。多租户技术的核心包括数据隔离、客户化配置、架构扩展和性能定制。

### 3. 云计算数据中心

云计算数据中心是一整套复杂的设施，包括刀片服务器、宽带网络连接、环境控制设备、监控设备以及各种安全装置等。数据中心是云计算的重要载体，为云计算提供计算、存储、带宽等各种硬件资源，为各种平台和应用提供运行支撑环境。

### 4. 云计算的应用

云计算在电子政务、医疗、卫生、教育、企业等领域的应用不断深化，对提高政府服务水平、促进产业转型升级和培育发展新兴产业等都起到了关键的作用。政务云上可以部署公共安全管理、容灾备份、城市管理、应急管理、智能交通、社会保障等应用，通过集约化建设、管理和运行，可以实现信息资源整合和政务资源共享，推动政务管理创新，加快向服务型政府转型。教育云可以有效整合幼儿教育、中小学教育、高等教育以及继续教育等优质教育资源，逐步实现教育信息共享、教育资源共享及教育资源深度挖掘等目标。中小企业云能够让企业以低廉的成本建立财务、供应链、客户关系等管理应用系统，大大降低企业信息化门槛，迅速提升企业信息化水平，增强企业市场竞争力。医疗云可以推动医院与医院、医院与社区、医院与急救中心、医院与家庭之间的服务共享，并形成一套全新的医疗健康服务系统，从而有效地提高医疗保健的质量。

## （二）物联网

物联网是新一代信息技术的重要组成部分，具有广泛的用途，同时和云计算、大数据有着千丝万缕的紧密联系。

### 1. 物联网的概念

物联网是物物相连的互联网，是互联网的延伸，它利用局部网络或互联网等通信技术把传感器、控制器、机器、人员和物等通过新的方式连在一起，形成人与物、物与物相连，实现信息化和远程管理控制。

从技术架构上来看，物联网可分为感知层、网络层、处理层和应用层。

现在给出一个简单的智能公交实例来加深对物联网概念的理解。当前，很多城市居民的智能手机中都安装了"掌上公交"APP，可以用手机随时随地查询每辆公交车的当前到达位置信息，这就是一种非常典型的物联网应用。在智能公交应用中，每辆公交车都安装了 GPS 定位系统和 4G 网络传输模块，在车辆行驶过程中，GPS 定位系统会实时采集公交车当前到达位置信息，并通过车上的 4G 网络传输模块发送给车辆附近的移动通信基站，经由电信运营商的 4G 移动通信网络传送到智能公交指挥调度中心的数据处理平台，平台再把公交车位置数据发送给智能手机用户，用户的"掌上公交"软件就会显示出公交车的当前位置信息。这个应用实现了"物与物的相连"，即把公交车和手机这两个物体连接在一起，让手机可以实时获得公交车的位置信息，进一步讲，实际上也实现了"物和人的连接"，让手机用户可以实时获得公交车位置信息。在这个应用中，安装在公交车上的 GPS 定位设备就属于物联网的感知层；安装在公交车上的 3G/4G 网络传输模块以及电信运营商的 4G 移动通信网络属于物联网的网络层；智能公交指挥调度中心的数据处理平台属于物联网的处理层；智能手机上安装的"掌上公交"APP 属于物联网的应用层。

### 2. 物联网关键技术

物联网是物与物相连的网络，通过为物体加装二维码、RFID 标签、传感器等，就可以实现物体身份唯一标识和各种信息的采集，再结合各种类型网络连接，就可以实现人和物、物和物之间的信息交换。因此，物联网中的关键技术包括识别和感知技术、网络与通信技术、数据挖掘与融合技术等。

### 3. 物联网的应用

物联网已经广泛应用于智能交通、智慧医疗、智能家居、环保监测、智能安防、智能物流、智能电网、智慧农业和智能工业等领域，对国民经济与社会发展起到了重要的推动作用。

（1）智能交通

利用 RFID、摄像头、线圈、导航设备等物联网技术构建的智能交通系统，可以让人们随时随地通过智能手机、大屏幕、电子站牌等方式，了解城市各条道路的交通状况、所有停车场的车位情况、每辆公交车的当前到达位置等信息，合理安排行程，提高出行效率。

（2）智慧医疗

医生利用平板电脑、智能手机等手持设备，通过无线网络，可以随时连接访问各种诊疗仪器，实时掌握每个病人的各项生理指标数据，科学、合理地制定诊疗方案，甚至可以支持远程诊疗。

（3）智能家居

利用物联网技术提升家居安全性、便利性、舒适性、艺术性，并实现环保节能的居住环境。比如，可以在工作单位通过智能手机远程开启家里的电饭煲、空调、门锁、监控、窗帘和电灯等，家里的窗帘和电灯也可以根据时间和光线变化自动开启和关闭。

（4）环保监测

可以在重点区域放置监控摄像头或水质土壤成分检测仪器，相关数据可以实时传输到监控中心，出现问题时实时发出警报。

（5）智能安防

采用红外线、监控摄像头、RFID 等物联网设备，实现小区出入口智能识别和控制、意外情况自动识别和报警、安保巡逻智能化管理等功能。

（6）智能物流

利用集成智能化技术，使物流系统能模仿人的智能，具有思维、感知、学习、推理判断和自行解决物流中某些问题的能力（如选择最佳行车路线，选择最佳包裹装车方案），从而实现物流资源优化调度和有效配置，提升物流系统效率。

（7）智能电网

通过智能电表，不仅可以免去抄表工的大量工作，还可以实时获得用户用电信息，提前预测用电高峰和低谷，为合理设计电力需求响应系统提供依据。

（8）智慧农业

利用温度传感器、湿度传感器和光纤传感器，实时获得种植大棚内的农作物生长环境信息，远程控制大棚遮光板、通风口、喷水口的开启和关闭，让农作物始终处于最优生长环境，提高农作物产量和品质。

（9）智能工业

将具有环境感知能力的各类终端、基于泛在技术的计算模式、移动通信技术等不断融入工业生产的各个环节，大幅提高制造效率，改善产品质量，降低产品成本和资源消耗，将传统工业提升到智能化的新阶段。

### 4．物联网产业

完整的物联网产业链主要包括核心感应器件提供商、感知层末端设备提供商、网络提供商、软件与行业解决方案提供商、系统集成商和运营及服务提供商等环节，具体如下。

①核心感应器件提供商。提供二维码、RFID 及读写机具、传感器、智能仪器仪表等物联网核心感应器件。

②感知层末端设备提供商。提供射频识别设备、传感系统及设备、智能控制系统及设备、GPS 设备、末端网络产品等。

③网络提供商。包括电信网络运营商、广电网络运营商、互联网运营商、卫星网络运营商和其他网络运营商等。

④软件与行业解决方案提供商。提供微操作系统、中间件、解决方案等。

⑤系统集成商。提供行业应用集成服务。

⑥运营及服务提供商。开展行业物联网运营及服务。

## （三）大数据与云计算、物联网的关系

云计算、大数据和物联网代表了 IT 领域最新的技术发展趋势，三者既有区别又有联系。云计算最初主要包含了两类含义：一类是以谷歌的 GFS 和 MapReduce 为代表的大规模分布式并行计算技术；另一类是以亚马逊的虚拟机和对象存储为代表的"按需租用"的商业模式。但是，随着大数据概念的提出，云计算中的分布式计算技术开始更多地被列入大数据技术，而人们提到云计算时，更多指的是底层基础 IT 资源的整合优化以及以服务的方式提供 IT 资源的商业模式，从石计算和大数据概念的诞生到现在，二者之间的关系非常微妙，既密不可分，又千差万别。因此，不能把云计算和大数据割裂开来作为截然不同的两类技术来看待。此外，物联网也是和云计算、大数据相伴相生的技术。

# 第二节 计算机软件概述

## 一、计算机软件的定义

### （一）计算机及其在社会生活中的重要性

计算机俗称电脑，是一种用于高速计算的电子计算机器，可以进行数值计算，又可以进行逻辑计算，还具有存储记忆功能；是一种现代化智能电子设备，能够按照程序运行，自动、高速处理海量数据。计算机可分为超级计算机、工业控制计算机、网络计算机、个人计算机、嵌入式计算机等种类，较先进的计算机有生物计算机、光子计算机、量域计算机等。计算机是 20 世纪先进的科学技术发明之一，对人类的生产活动和社会活动产生了极其重要的影响，并以强大的生命力飞速发展。计算机的应用领域从最初的军事科研应用扩展到社会的各个领域，形成了规模巨大的计算机产业，带动了全球范围的技术进步，并由此引发了深刻的社会变革。计算机已遍及一般学校、企事业单位，进入寻常百姓家，成为信息社会中必不可少的工具。计算机的应用在中国越来越普遍，改革开放以后，中国计算机用户的数量不断攀升，应用水平不断提高，特别是在互联网、通信、多媒体等领域的应用取得较好的成绩。

科学技术的发展特别是尖端科学技术的发展，需要高度精确地计算。计算机控制的导弹之所以能准确地击中预定的目标，是与计算机的精确计算分不开的。一般计算机可以有十几位甚至几十位（二进制）有效数字，计算精度可由千分之几到百万分之几，是任何计算工具都望尘莫及的。当今计算机系统的运算速度已达到每秒万亿次，微机也可达每秒几亿次以上，使大量复杂的科学计算问题得以解决。计算机不仅能进行计算，而且能把参加运算的数据、程序以及中间结果和最后结果保存起来，以供用户随时调用；还可以对各种信息通过编码技术进行算术运算和逻辑运算，甚至进行推理和证明。计算机内部操作是根据人们事先编好的程序自动控制进行的。用户根据需要，事先设计好运行步骤与程序，计算机严格按程序规定的步骤操作，整个过程无须人工干预，其自动执行，最终达到用户的预期结果。

随着科技的进步，各种计算机技术、网络技术的飞速发展，计算机的发展已经进入了一个快速而又崭新的时代，计算机已经从功能单一、体积较大发展到了功能复杂、体积微小、资源网络化等。计算机的未来充满了变数，性能的大幅度提高毋庸置疑，但实现性能的飞跃却有多种途径。不过性能的大幅提升并不是计算机发展的唯一路线，计算机的发展还应当变得越来越人性化，同时也要注重环保等。随着微型处理器的出现，计算机中开始使用微型处理器，使计算机体积缩小，成本降低，变成了现在家家户户都有的微型计算机。计算机微型处理器以晶体管为基本元件，随着处理器的不断完善和更新换代速度的加快，计算机结构和元件也发生了很大的变化。光点技术、量子技术和生物技术的发展，对新型计算机的发展具有极大的推动作用。另外，软件行业的飞速发展提高了计算机内部操作系统的便捷度，计算机外部设备也趋于完善。计算机理论和技术上的不断完善促使微型计算机很快渗透到全社会的各个行业和部门中，并成为人们生活和学习的工具。计算机人工智能化是未来发展的必然趋势，现代计算机具有强大的功能和运行速度，但与人脑相比，其智能化和逻辑能力仍有待提高。人类在不断探索如何让计算机能够更好地反映人类思维，使计算机能够具有人类的逻辑思维判断能力，可以通过思考与人类沟通交流，抛弃以往的通过编码程序来运行联保计算机的方法，直接对计算机发出指令。

互联网将世界各地的计算机连接在一起，人类从此进入了互联网时代。计算机网络化彻底改变了人类世界，人们通过互联网进行沟通交流、教育资源共享、信息查阅共享等，特别是无线网络的出现，极大地提高了人们使用网络的便捷性。未来计算机将进一步向网络化方面发展。

## （二）计算机软件的概念及分类

计算机由硬件系统和软件系统所组成，没有安装任何软件的计算机称为裸机。美国 IBM 公司率先实行"价格分离"政策，将计算机软件和硬件分开出售，使软件从硬件中分离出来成为商品并得到了迅速发展，促成了软件产业的形成。在此之后，采用机器语言以及其他语言编写的计算机控制系统、应用系统等能够应用于不同的机器，也即不同机器可以使用一个相同的控制系统。

### 1. 计算机软件的概念

计算机软件也称软件，是指计算机程序及其文档，程序是计算任务的处理对象和处理规则的描述，文档是为了便于了解程序所需的阐明性资料。根据《计算机软件保护条例》的规定，软件并不只是包括可以在计算机上运行的电脑程序，与这些电脑程序相关的文档，一般也被认为是软件的一部分。简单地说，软件就是程序加文档的集合体。计算机软件被应用于世界的各个领域，对人们的生活和工作都产生了深远的影响。

软件是用户与硬件之间的接口界面，用户主要是通过软件与计算机进行交流。软件是计算机系统设计的重要依据，为了方便用户，使计算机系统具有较高的总体效用，在设计计算机系统时，必须通盘考虑软件与硬件的结合，以及用户的要求和软件的要求。计算机软件的核心在于算法，算法是一种智力活动的规则，是对数据施以处理步骤，对数据结构进行操作，解决问题的方法和过程。软件是算法运行于规则并体现出的技术效果，是用硬件支持的源代码作用于外设来实现功能。计算机软件多用于某种特定目的，如控制一定生产过程，使计算机完成某些工作。软件在运行时，能够提供所要求功能和性能的指令或计算机程序集合。

### 2. 计算机软件的分类

计算机软件是一系列按照特定顺序组织的电脑数据和指令的集合，根据不同标准可以有不同的划分。如从流通方式与法律特点看，计算机软件可以分为商业软件、开源软件和公有软件三类。按照应用区分，可分为系统软件和应用软件两大类，下面简单介绍一下系统软件和应用软件。

系统软件是各类操作系统，如 Windows、Linux、Unix 等，还包括操作系统的补丁程序及硬件驱动程序，都是系统软件类。系统软件负责管理计算机系统中各种独立的硬件，使得它们可以协调工作。系统软件使得计算机使用者和其他软件将计算机当作一个整体而不需要顾及每个硬件是如何工作的。系统软件为计算机使用提供最基本的功能，但是并不针对某一特定应用领域。一般来讲，系统软件包括操作系统和一系列基本的工具，如编译器、数据库管理、存储器格式化、文件系统管理、用户身份验证、驱动管理、网络连接等。系统软件具体包括各种服务性程序、语言程序、操作系统、数据库管理系统这四类。

应用软件是为了某种特定的用途而被开发的软件，不同的应用软件根据用户和所服务的领域提供不同的功能。它可以是一个特定的程序，如一个图像浏览器；也可以是一组功能联系紧密，可以互相协作的程序的集合，如微软的 Office 软件；还可以是一个由众多独立程序组成的庞大的软件系统，比如数据库管理系统。工具软件、游戏软件、管理软件等都属于应用软件类，较常见的应用软件有文字处理软件（如 WPS、Word 等）、信息管理软件、辅助设计软件（如 AutoCAD）、实时控制软件（如极域电子教室）等。

## 二、计算机软件保护的条件

随着计算机技术的迅猛发展，软件技术也在快速发展。作为人类智慧的表现，计算机软件具有工具性和作品性。在对计算机软件的开发过程中，实现了表现形式和思想内涵的结合，由于两者的相互结合、相互渗透，以至于很难对其进行区分和界定。此外，强大的国际通用性也是计算机软件一大特点。计算机软件还具有更新换代快、更新周期短的特点，其开发成本很高，需要投入巨大的人力、物力，但其开发成果的复制却极易掌握，复制成本也很低，这些都使得对计算机软件知识产权的保护难度不断增大。经济活动中，越来越多的侵权人通过各种途径盗用软件来获取暴利，这种行为不仅侵犯了软件开发人的劳动成果，伤害了他们开发软件的积极性，而且严重扰乱了社会市场经济秩序。加强对计算机软件知识产权的保护，减少计算机软件产业的损失，不仅有利于科技进步，更能促进社会经济有序、健康发展。

### （一）软件必须是由开发者独立开发

计算机软件要成为《计算机软件保护条例》的保护对象，享有著作权保护，必须是由开发者独立开发，这一规定源于著作权保护对作品的原创性的要求。

一般认为，享有著作权保护的作品必须具备原创性。原创性是版权法的一个核心概念，要求作品具备原创性才能获得版权保护是保证版权法目的实现的重要前提。世界各个国家和地区的立法例一般将原创性作为作品可版权性的核心要件。虽然原创性成为整个著作权制度构造中处于核心地位的基本要素，然而，对于什么是原创性，理论上仍有不同的认识。一种意见认为，原创性包含两层意思：一是作品是由作者独立创作完成的；二是作品要有一定的创作高度。另一种意见认为，原创性仅指作品是作者独立创作完成的，只要作品是作者自己独立创作完成，而不是抄袭他人的，不管作品是否与其他作品相同或者相似，也不管作品本身的质量和水平如何，都满足著作权法的要求，可以享有著作权保护。

创造性是个极度难以捉摸和主观性的概念，如果将创造性包含在可版权性之中，可能会不适当地提高作品获得版权保护的门槛，可能造成原告获得版权保护的程序障碍，且版权法的立法历史表明立法者并没有意图将创造性作为可版权性的必要要素。基于此，《计算机软件保护条例》规定体现了后一种观点，实际生活中，除个别特殊情况外，计算机软件只要是由开发者独立开发完成而不是抄袭或者剽窃他人开发的软件的，就必然具有一些最起码的创造性，或者说是个性，而且也不会与其他软件作品相同或者相似。

## （二）软件必须已经固定在某种有形物体上

计算机软件要成为《计算机软件保护条例》的保护对象，享有著作权保护，除了必须由开发者独立开发外，还要求软件必须已经固定在某种有形物体上。

作品是著作权法保护的对象，具有无体性，即作品的存在不具有一定的物质形态，不占有一定的空间，作品是"抽象物"，这是作品区别于有体物的根本特性。另一方面，如果我们要赋予作者对其作品的财产权利，就要求作品不能仅仅内在于人的主观精神世界，它必须为人们所感知，即必须借助物质载体才可以给作品以外部的"定在"，作为著作权法保护对象之作品必须"栖身"于物质载体，载体为作品存在所必不可少。根据作品载体的物理特性，可以将作品载体分为固定载体和瞬间载体。固定载体是指作品附着之载体为有形的物质，固定载体所承载的作品，具有时空变换的特点，也就是说，在作品创作完成后的任何时候，人们可以通过这些固定载体去认知作品。瞬间载体是指作品所附着之载体为无形的物质，瞬间载体转瞬即逝，其承载的作品不具有时空变换的特点。一般而言，如果没有身临作者创作的现场，他人将无法感知瞬间载体所承载的作品，除非通过固定载体将瞬间载体所承载的作品固定下来。

《中华人民共和国著作权法》（以下简称《著作权法》）并没有要求作品必须固定下来才能享有著作权保护的规定，《计算机软件保护条例》规定是在《著作权法》规定基础上对软件提出的进一步要求，软件只有固定在某种有形物体上才能获得著作权保护，这里的有形物体是指一定的储存介质。存在于软件开发者头脑中的软件设计思想或者软件内容本身都不能获得著作权保护，只有软件的内容通过客观手段表达出来，能够为人所感知时，才能获得著作权保护。纵观人类历史，随着生产力的发展，作品载体的范围也在不断扩大，这是不争的事实。可以这样说，作品载体范围扩大的历史，就是一部人类科技进步的历史。根据技术的发展过程，软件固定在有形物体上大致有三种做法。一是文档记录，以文字或者符号在纸上记录、表现计算机程序。二是机械记录，以机械方式记录、表现计算机程序，如早期的打孔纸带、打孔卡等形式，目前这种方式已经基本上被淘汰。三是磁、光、电记录，以磁、光、电技术在磁带、磁盘、磁鼓、光盘等物质载体上记录软件，是计算机软件最主要的固定形式，其中磁盘、光盘发展最快，使用最多。磁盘主要分为硬盘和软盘两种。光盘是一种比较先进的存储载体，在容量、可靠性、存取方便性和寿命性能方面都优于磁盘和其他载体。用于记录计算机软件的光盘主要是光盘只读存储器。

此外，计算机软件要成为《计算机软件保护条例》的保护对象，享有著作权保护，还要求其必须逻辑合理。这是因为，逻辑判断功能是计算机系统的基本功能，计算机运行过程实际上是按照预先安排，不断对信息随机进行的逻辑判断的智能化过程。因此，受著作权法保护的计算机软件作品必须具备合理的逻辑思想，并以正确的逻辑步骤表现出来，才能达到软件的设计功能。毫无逻辑性的计算机软件，不能计算出正确结果，也就毫无价值。

## 三、计算机程序与文档

### （一）计算机程序

《计算机软件保护条例》中常用词语的含义进行了明确，其第一项对计算机程序的定义作了规定。计算机程序，是指为了得到某种结果而可以由计算机等具有信息处理能力的装置执行的代码化指令序列，或者可以被自动转换成代码化指令序列的符号化指令序列或者符号化语句序列。同一计算机程序的源程序和目标程序为同一作品。

1. 计算机程序具有可执行性

计算机程序能够实现一定的功能，但是它本身并不能直接实现这些功能，而必须通过一定的执行装置才能实现程序的功能，这些装置包括计算机和其他具有信息处理能力的装置。因而，计算机程序必须可以由计算机等具有信息处理能力的装置执行。

关于程序赖以运行的机器或装置的提法值得注意，有的称计算机或电子计算机，有的称具有信息处理能力的机器，还有的提到了电子数据处理设备。通常认为，计算机由运算器、控制器、存储器、输入装置、输出装置等五大部分构成。从对程序进行法律保护的角度看，输入装置和输出装置并不重要。程序实际是在由运算器和控制器组成的中央处理器（CPU）中运行。因此，程序运行的物质基础即机器或装置中只要具备 CPU 的功能，就符合了运行程序的要求。所以，虽然习惯上将程序称为计算机程序，但程序并不仅仅限于在计算机上运行，只要是具有信息处理能力的装置即可。

2. 计算机程序具有序列性

通常，计算机程序要经过编译和链接而成为一种人们不易理解而计算机理解的格式，然后运行。一个计算机程序就是一系列指令的集合。计算机程序通过指令的顺序，使计算机能按所要求的功能进行精确运行。我国《计算机软件保护条例》规定了程序的三种形态：代码化指令序列、符号化指令序列和符号化语句序列。即计算机程序是一系列代码化指令序列，或者可以被自动转换成代码化指令序列的符号化指令序列或者符号化语句序列。

3. 计算机程序具有目的性

计算机程序的目的性，即执行计算机程序能够得到某种结果。人们编制计算机程序的目的就是实现一定的功能，得到某种结果。如果运行一个"程序"得不到任何有实质意义的结果，从技术角度和法律保护角度来说，该"程序"是未完成的或者尚未形成作品的，就不能成为《计算机软件保护条例》保护的对象。

为了一个程序运行，计算机需要加载程序代码，可能还要加载数据，从而初始化成一个开始状态，然后调用某种启动机制。计算某一个复杂问题的运算程序是一个程序，如果它是由若干模块或若干子程序所组成，则各模块或子程序都可单独视为一个程序，因为它们各自运行后都可得到某种结果。因此，从理论上说，这些独立的模块或子程序都可以作为一个程序进行版权登记。当然，这里所说的得到某种结果，应是经过一定的数据处理过程之后的最终结果，而不是指在计算机内部的动作，即数据处理过程中的个别的结果。

需要注意的是，现代的计算机程序一般具有源程序（源代码）文本和目标程序。源程序，是指未经编译的按照一定的程序设计语言规范书写的人类可读的文本文件。《计算机软件保护条例》中"可以被自动转换成代码化指令的符号化指令序列或符号化语句序列"是指"源程序"，它是开发者编写的。目标程序为源程序经编译可直接被计算机运行的机器码集合。《计算机软件保护条例》中规定的"代码化指令序列"是指目标程序，它是供机器直接运行的。由于目标程序为源程序通过编译系统或汇编系统自动生成的，该过程不存在新的"创作""开发"，二者是一体的。因此，《计算机软件保护条例》第三条第一项后半段规定"同一计算机程序的源程序和目标程序为同一作品"，应受到同等保护。通常，源程序不能提供给用户，提供给用户的只是目标程序。

### （二）文档

#### 1. 计算机软件中文档的形式

计算机软件中，文档是软件开发使用和维护中的必备资料，具体是指与软件系统及其软件工程过程有关联的文本实体。文档常见的类型包括软件需求文档、设计文档、测试文档、用户手册等，其中，需求文档、设计文档和测试文档一般是在软件开发过程中由开发者写就的，而用户手册等非过程类文档是由专门的非技术类人员写就的。一份常见的计算机软件文档应当包括封面、目录、正文、注释和附录等，正文包括软件开发计划、软件需求规格说明、接口需求规格说明、接口设计文档、软件设计文档、软件产品规格说明、版本说明文档、软件测试计划、软件测试报告、计算机系统操作员手册、软件用户手册、软件程序员手册、计算机资源综合保障文档等。文档作为对软件系统的精确描述，能提高软件开发的效率，保证软件的质量，而且在软件的使用过程中有指导、帮助、解惑的作用，尤其在维护工作中，文档是不可或缺的资料。

文档常见的形式主要有可行性研究报告、用户需求报告、总体设计说明、详细设计说明、程序流程图、测试分析报告、用户使用手册等。早期的软件文档主要指的是用户手册，是用来对软件系统界面元素的设计、规划和实现过程的记录，以此来增强系统的可用性。随着软件行业的发展，软件文档也常在软件工程师之间作为沟通交流的一种方式，沟通的信息主要是有关所开发的软件系统。

文档的呈现方式有很多种，原《计算机软件保护条例》对文档的编写语言作了规定，即文档是用自然语言或者形式化语言所编写的文字资料和图表，面向用户的软件文档通常采用自然语言编写，而软件开发单位内部提供的文档中，有些采用自然语言编写，有些设计文档则采用形式化语言编写。所谓形式化语言是指用数学公式的形式严格地按照一定规则表达的自然语言。采用形式化语言编写软件设计文档时对于软件设计构思的说明比较准确和精练，不容易引起歧义或者误解，有利于程序的编写。现行《计算机软件保护条例》删去了"用自然语言或者形式化语言所编写"，主要是因为，随着技术的不断发展，文档的编制方式越来越多，已经不限于使用自然语言或者形式化语言编写，目前编制文档的方式包括使用幻灯片、动画等。

#### 2. 计算机软件中的文档享有双重保护

很多用著作权法保护计算机软件的国家认为，软件中的程序说明书和辅助材料等用文字、图表表达的部分，可以通过著作权法中传统的文字、绘图作品得到保护，因此一般只在著作权法或者其他相关法规中规定计算机程序的保护，而没有对文档进行特别规定。有关的国际公约，如世界贸易组织 TRIPS 协议、世界知识产权组织《版权条约》等，也都使用计算机程序的概念，而不使用计算机软件的概念。在我国《计算机软件保护条例》的制定及修改中，也有意见认为，计算机软件中的文档表现为文字资料和图表等，可以直接作为著作权法中的文字作品获得著作权保护，没有必要对其进行特别的规定。只有计算机程序与著作权法中规定的其他作品相比，具有自身的特点，才需要通过条例对其著作权保护进行规定。因此，建议条例只规定对计算机程序的保护，相应地把条例的名称也改为《计算机程序保护条例》。根据我国《计算机软件保护条例》的规定，其保护对象确定为包括计算机程序及其文档的计算机软件，这样，从我国目前的立法规定来看，文档实际上享有双重保护：一是与相应的程序一起构成计算机软件，受到本条例的保护；二是可以根据著作权法的规定，作为文学作品得到保护。

我国在《计算机软件保护条例》中对计算机软件中的文档进行保护，主要是基于两点考虑。首先，计算机程序与其文档的关系非常密切，有时候甚至密不可分。文档与一定的程序相联系，是编制程序的依据，是对程序的补充说明，离开了相应的程序，文档虽然也能单独存在，但作为一个作品却不完整，缺乏独立存在的意义。而程序是形式化语言，离开了文档则很难阅读，甚至无法操作，其设计的依据和精髓都体现在文档中，通过阅读文档，可以较快地把握程序的功能和特点，如果文档被他人掌握，则很容易编制出功能类似甚至功能更强的程序。由于文档与相应程序的紧密关系，如果条例仅保护程序本身，而不对文档提供同等的保护，则很可能达不到保护程序的目的。其次，将计算机软件分为计算机程序与相关文档具有价值方面的理由。价值是以人为测量向度的，是一个主观范畴，反映了人与外在对象的满足与被满足关系。计算机软件作为一门科学，需要按照科学知识的演进途径，从粗放向精细，从缺陷到严密，在前人奠定的知识高度上不断、持续发展，满足人们向未知世界进行积极探索的需求。计算机文档与源程序等使用自然语言表达的作品是以人获取知识为价值目标的。人们通过对上述内容的主动接近与吸收，能够了解特定计算机软件的功能、操作方法等知识。在此基础上，人们可以进行改进与更新，推进知识无限增长。计算机程序与文档在满足人的需求上的不同指向告诉人们两者具有不同价值。

# 第二章　计算机软件技术基础理论

## 第一节　计算机软件技术基础概论

### 一、计算机基础

(一) 计算机的特点

计算机作为一种通用的数据处理工具，它具有以下主要特点。

1. 运算速度快

如今的计算机系统的运算速度非常高，使大量的复杂的科学计算问题得以解决。

2. 计算精确度高

科学技术的发展特别是尖端科学技术的发展，需要高度精确的计算。而计算机是一部工作时不受人为因素干扰的具有高度的精确性的计算设备，这也是其精华所在，也正是如此，人们才越来越依赖计算机。

3. 具有记忆能力

计算机不仅能进行计算，还能把参加运算的数据、程序以及中间结果和最后结果保存起来，以备后用；通过编码技术还可以对各种信息（如语言、文字、图形、图像、音乐等）进行算术和逻辑运算，以及其他处理。

4. 自动操作功能

这部会"计算"的机器可以按人们事先编好的程序自动进行，不需要人工干预，从而为高度自动化奠定基础。

(二) 计算机的应用

计算机的出现在解放人的大脑的同时，也为许多新兴技术和新学科的发展奠定了基础。计算机应用于社会的各个领域，改变了人们的工作、学习和生活的方式，推动着社会的发展。通常，人们将计算机的应用归纳为以下几个方面。

①科学研究与计算这是计算机最初的最基本的应用。计算机开始就是为解决科学研究和工程设计中遇到的大量数学问题的数值计算而研制的计算工具。随着现代科学技术的进一步发展，数值计算在现代科学研究中的地位不断提高，同时在尖端科学领域中显得尤为重要。

②数据处理在科学研究和工程技术中，会得到大量的原始数据，其中包括大量图片、文字、声音等信息处理，数据处理就是对数据进行收集、分类、排序、存储、计算、传输等操作数据处理，也被称为信息处理，信息处理已成为当代计算机的主要任务，是现代化管理的基础。

③生产过程控制是指通过计算机对某一过程进行自动操作，不需人工干预，能按

人预定的目标和预定的状态进行过程控制，主要用于制造业。这里的过程控制是对工作现场的各种信息与数据实时采集、检测、处理和判断，由工业计算机按最佳值进行调节的过程。

④计算机辅助功能常见的有计算机辅助设计、计算机辅助制造、计算机辅助测试、计算机集成制造系统，以及计算机辅助教学等。

⑤人工智能是指计算机模拟人类某些智力行为的理论、技术和应用。机器人是计算机人工智能的典型例子。

⑥多媒体技术应用随着电子技术特别是通信和计算机技术的发展，人们已经有能力把文本、音频、视频、动画、图形和图像等各种信息综合起来，构成一种全新的概念——"多媒体"，在医疗、教育、商业、银行、保险、行政管理、军事、工业、广播和出版等诸多领域中广泛应用。

随着网络技术的发展，计算机的应用进一步深入到社会的各行各业，计算机应用的各个方面也相互融合、相互渗透。总之，计算机的广泛应用将推动信息社会更快地向前发展。

## （三）计算机的系统

对于系统，通常要从整体性、层次性和适应性等几个方面来考虑。一般认为计算机系统由硬件系统和软件系统两大部分组成。所谓硬件，指计算机的物理存在，包括计算机的物理设备本身及其各种物理外设。软件是指计算机程序、方法、规则的文档以及在计算机运行它时所需数据的集合。通常提到"计算机"，应当是指包含有硬件系统和软件系统的计算机系统。

### 1. 计算机的基本组成结构

计算机的基本组成结构是由冯·诺依曼（Feng Neumann）提出的，称之为冯·诺依曼原理。他认为计算机应当由运算器、控制器、存储器、输入设备和输出设备五个基本部分组成，也称计算机的五大部件。

（1）运算器

运算器即算术逻辑单元，是计算机对数据进行加工处理的部件，其主要功能是对二进制数码进行加、减、乘、除等算术运算和与、或、非等逻辑运算。运算器在控制器的控制下工作，运算结果由控制器指挥输入、输出或存储。

（2）控制器

控制器主要由指令寄存器、译码器、程序计数器和操作控制器等组成，用来控制计算机各部件协调工作，并使整个处理过程有条不紊地进行。其基本功能就是从内存中取指令和执行指令，即控制器按程序计数器的指令地址从内存中取出该指令进行译码，然后根据该指令功能向有关部件发出控制命令，执行该指令。另外，控制器在工作过程中，还要接受各部件反馈回来的信息。

（3）存储器

存储器具有记忆功能，用来保存信息，如数据、指令和运算结果等。存储器可分为内存储器与外存储器两种。

①内存储器（又称内存或主存），可直接与 CPU 进行数据交换，一般容量较小、速度快，用来存放当前运行程序的指令和数据。内存由许多存储单元组成，每个单元

能存放一个二进制数，或一条由二进制编码表示的指令。存储器的存储容量以字节（Byte）为基本单位，每个字节都拥有其唯一的编号，为"地址"，以便实现对存储器中信息的按地址读写。

为了度量数据存储容量，将8位二进制码（8Bits）称为1个字节（Byte）。字节是计算机中数据处理和存储容量的基本单位。1024个字节称为1K字节，1024K个字节称1兆字节（1MB），1024M个字节称为1吉字节（1GB），1024G个字节称为1太字节（1TB）。

②外存储器（又称外存或辅存），它是内存容量的扩充，一般容量大、价格低，但存储速度稍慢，一般用来存放大量暂时不用的程序、数据和中间结果，需要时，可成批地和内存储器进行信息交换。外存只能与内存交换信息，不能被计算机系统的其他部件直接访问。常用的外存有磁盘、磁带、光盘，以及一些移动存储设备等。

（4）输入/输出设备

输入/输出设备简称I/O（Input/Output）设备。用户通过输入设备将程序和数据输入计算机，输出设备将计算机处理的结果（如数字、字母、符号和图形）显示或打印出来。常用的输入设备有：键盘、鼠标器、扫描仪、数字化仪等。常用的输出设备有：显示器、打印机、绘图仪等。

通常运算器和控制器被集成在一起称为中央处理器，又称CPU。我们常说的计算机主机是由CPU、内存储器及其他组件组成的，而主机以外的装置称为外设，外设包括I/O设备、外存储器等。

## 2. 常用微型计算机中的硬件资源

计算机作为一种新型家电已经以不可逆转的步伐走进我们的生活。在我国有着庞大的兼容机市场，我们常常说装机、攒机、买计算机通常是购买计算机硬件系统资源，然后再根据自己的需求配置所需要的软件系统或资源。就市场上常见的兼容机，一般由微处理器、内存、外存、主机板、基本I/O设备等几个部分组成。

（1）微处理器即中央处理器（CPU）

是微型计算机的指挥控制中心。目前微处理器市场基本被Intel公司和AMD公司所占有，随着微处理器技术的发展，其频率会被不断提高。微处理器通常与主机板配套使用。

（2）内存储器（主存）按功能可分为两种

只读存储器和随机（存取）存储器。通常所说的内存是指RAM，常见的配置为64MB、128MB，甚至更高。另外，随着微机CPU工作频率的不断提高，RAM的读写速度相对较慢，为解决内存速度与CPU速度不匹配，从而影响系统运行速度的问题，在CPU与内存之间设计了一个容量较小（相对主存）但速度较快的高速缓冲存储器（Cache），简称快存。

（3）外存储器又称辅助存储器

外存主要由磁表面存储器、半导体存储器和光盘存储器等组成。磁表面存储器可分为磁盘、磁带两大类。磁盘有软盘和硬盘的区分。

软磁盘存储器简称软盘。按尺寸可分为3.5 in和5.25 in两种。软盘和软盘驱动器是一个使用率和故障率都很高的部件。在使用软盘时要特别注意：不要触摸裸露的盘面；不要用重物压片；不要弯曲或折断盘片；远离强磁场；防止阳光照射。

硬磁盘存储器简称硬盘。硬盘是由涂有磁性材料的合金圆盘组成，是微机系统的主要外存储器（或称辅存）。硬盘按盘径大小可分为 3.5 in、2.5 in、1.8 in 等。目前大多数微机上使用的硬盘是 3.5 in 的。硬盘有一个重要的性能指标是存取速度，影响存取速度的因素有：平均寻道时间、数据传输率、盘片的旋转速度和缓冲存储器容量等。一般来说，转速越高的硬磁盘寻道的时间越短，而且数据传输率也越高。

磁带存储器也称为顺序存取存储器，即磁带上的文件依次存放。磁带存储器存储容量很大，但查找速度慢，在微型计算机上一般用做后备存储装置，以便在硬盘发生故障时，恢复系统和数据。

光盘存储器是一种利用激光技术存储信息的装置，目前用于计算机系统的光盘有三类：只读型光盘、一次写入型光盘和可擦写型光盘。

以上介绍的外存的存储介质，都必须通过机电装置才能进行信息的存取操作，这些机电装置为驱动器，例如软盘驱动器（软盘片插在驱动器中读写）、硬盘驱动器、磁带驱动器和光盘驱动器等。随着大规模集成电路的发展与元器件成本的降低，USB 存储器（简称 U 盘）也因其大容量、小巧、方便，应用日益广泛，是目前比较常用的半导体存储设备。软盘、磁带等存储设备已经被淘汰了。

（4）基本 I/O 常用设备

基本 I/O 设备常用的包括键盘、鼠标、显示器、打印机等。

键盘是用户与计算机进行交流的主要工具，是计算机最重要的输入设备，也是微型计算机必不可少的外部设备。键盘通常由三部分组成：主键盘、小键盘、功能键。

鼠标也是微机上的一种常用的输入设备，目前常用的鼠标有机械式和光电式两类。

显示器是微型计算机不可缺少的输出设备。显示器是用光栅来显示输出内容的，光栅的像素应越小越好，光栅的密度越高，即单位面积的像素越多，分辨率越高，显示的字符或图形也就越清晰细腻。常用的分辨率有：640×480、800×600、1024×768、1280×1024 等。像素色度的浓淡变化称为灰度。显示器按输出色彩可分为单色显示器和彩色显示器两大类；按其显示器件可分为阴极射线管（CRT）显示器和液晶（LED）显示器；按其显示器屏幕的对角线尺寸可分为 14 in、15 in、17 in 和 21 in 等几种。分辨率、彩色数目及屏幕尺寸是显示器的主要指标，显示器必须配置正确的适配器（显示卡），才能构成完整的显示系统。

打印机是计算机产生硬拷贝输出的一种设备，提供用户保存计算机处理的结果。打印机的种类很多，按工作原理可分为击打式打印机和非击打式打印机。目前微机系统中常用的针式打印机（又称点阵打印机）属于击打式打印机；喷墨打印机和激光打印机属于非击打式打印机。

## 二、多媒体计算机

### （一）多媒体的基本概念

#### 1. 媒体与多媒体技术

我们所看到的报纸、杂志、电影、电视等，都是以各自的媒体传播信息的，例如，报纸、杂志是以文字、图形等作为媒体；电影电视是以文字、声音、图形、图像作为媒体。如今，媒体在计算机领域有了新的含义，表现在两个方面：一是指用以存储信息的实体，如磁带、磁盘、光盘和半导体存储器；另一种是指多媒体技术中的媒体，即指信息载体，如文本、声频、视频、图形、图像、动画等。

多媒体技术是指利用计算机技术把各种信息媒体综合一体化，使它们建立起逻辑联系，并进行加工处理的技术。所谓"加工处理"主要是指对这些媒体的录入及对信息进行压缩和解压缩、存储、显示、传输等。

### 2．多媒体技术的特性

多媒体技术具有以下五种特性。

①多样性指计算机所能处理的信息从最初的数值、文字、图形扩展到声音和视频信息（运动图像）。视频信息的处理是多媒体技术的核心。

②集成性是指将多媒体信息有机地组织在一起，综合表达某个完整内容。

③交互性是指提供人们多种交互控制能力，使人们获取信息和使用信息，变被动为主动。交互性是多媒体技术的关键特征。

④实时性多媒体技术需要同时处理声音、文字、图像等多种信息，其中声音和视频图像还要求实时处理。因此，还需要能支持对多媒体信息进行实时处理的操作系统。

⑤数字化是指多媒体中的各个单媒体都是以数字形式存放在计算机中。多媒体技术包括数字信号的处理技术、音频和视频技术、多媒体计算机系统（硬件和软件）技术、多媒体通信技术等。

### （二）多媒体计算机系统

多媒体计算机系统是指能对多媒体信息进行获取、编辑、存取、处理、加工和输出的一种交互性的计算机系统。多媒体计算机系统一般由多媒体计算机硬件系统和多媒体计算机软件系统组成。多媒体计算机硬件系统包括多媒体计算机、多媒体输入/输出设备、多媒体存储设备、多媒体功能卡、操纵控制设备等装置组成。

多媒体计算机软件系统包括支持多媒体功能的操作系统、多媒体数据开发软件、多媒体压缩/解压缩软件、多媒体声像同步软件、多媒体通信软件、各种多媒体应用软件等组成。如今的家用个人计算机系统，都是一个简单的多媒体系统。

### （三）多媒体技术的应用

随着多媒体技术的不断进步和发展，多媒体技术的应用领域已十分广泛，它不仅覆盖了计算机的绝大部分应用领域，同时还开拓了新的应用领域。例如，教育与训练、演示系统、咨询服务、信息管理、宣传广告、电子出版物、游戏与娱乐、广播电视、通信等领域。随着计算机网络技术和多媒体技术的发展，可视电话、视频会议系统将为人们提供更全面的信息服务。利用 CD－ROM 大容量的存储空间与多媒体声像功能的结合还可以提供百科全书、旅游指南系统、地图系统等电子工具和电子出版物。多媒体电子邮件、电脑购物等都是多媒体技术在信息领域中的应用。

多媒体技术的应用将会渗透进每一个信息领域，使传统信息领域的面貌发生根本的变化。

# 第二节　计算机软件系统

## 一、计算机软件的概述

### （一）计算机软件的概念及特性

软件是指程序、与程序相关的数据和文档的集合。程序是为实现特定目标或解决特定问题而用计算机语言编写的计算机指令的有序集合；数据是指程序运行过程中需要处理的对象和必须使用的一些参数；文档是指与程序开发、维护和操作有关的一些资料，如程序设计说明书、流程图、用户手册等。通常，商品软件和一些大型软件会带有完整、规范的文档作为支持。软件的主体是程序，但是单独的程序不能被认定为软件。

在计算机系统中，软件和硬件是两种不同的产品。硬件是有形的物理实体，软件是人们解决信息处理问题的原理、规则与方法的体现。软件往往是看不见、摸不着的，与硬件相比具有许多不同的特性。

1. 不可见性

软件不是一个可见的物理实体，人们看到的是软件的物理载体。软件以二进制编码的形式存储在一定的物理介质上，必须由计算机硬件执行后才能发挥作用，所以它的价值也不是以物理载体的成本来衡量的。

2. 适用性

一个软件往往不只是用来解决一个问题，而是用来解决一类问题。例如，我们经常使用的文字处理软件 Microsoft Word，它能够满足用户的各种文档处理要求，利用它可以编辑文字、图形、图像、声音、动画，可以编辑艺术字、数学公式，还可以插入其他软件制作的信息。另外，它的适用性还表现在用户的全球化，它支持多国文字，可以被不同国家、不同部门、不同职业的用户使用。

3. 依附性

软件不能独立存在和运行，必须依附在一定的环境中。这里的环境是由特定的计算机硬件、网络和其他软件组成的计算机系统。没有一定的环境，软件就无法正常运行，甚至根本不能运行。

4. 复杂性

好的软件不仅在功能上要满足应用的需求，还要求响应速度快、操作灵活、使用方便、安全可靠、适应性强、方便维护和升级等，诸多的要求势必使得软件的复杂性增加。

5. 无磨损性

软件在使用过程中不会出现损耗或老化现象。理论上如果软件所依附的环境不发生改变，软件将可以被永远使用下去。而实际情况是，支撑软件运行的硬件不断进步，软件使用者的需求不断发展变化，一个软件是不可能一直使用下去的。

### 6. 易复制性

目前，软件的盗版现象比比皆是，其原因就是软件容易被复制。软件开发者除了依靠法律保护外，还经常在自己的软件中使用一些防复制技术来降低软件的易复制性。

### 7. 不断演变性

计算机的硬件在不断发展，人们的需求也在不断发展，一个软件在开发出来后，往往只能适用一段时间，然后就会慢慢被淘汰。因此，为了延长软件的使用时间，软件开发者需要根据硬件的发展情况和人们的需求，不断推出新版本来更改和提升原有软件的功能，以适应市场的需要。

### 8. 有限责任

由于目前没有任何一种方法来证明某个软件的绝对正确性，因此，软件开发者只能负担有限的责任，商用软件中经常能看到类似这样的"有限保证"的声明："本软件不做任何保证。程序运行的风险由用户自己承担。这个程序可能会有一些错误，你需要自己承担所有服务、维护和纠正软件错误的费用。另外，生产厂商不对软件使用的正确性、精确性、可靠性和通用性作任何承诺。"

### 9. 脆弱性

虽然软件开发者竭尽所能地发现和改正软件中的错误，但无法保证软件的绝对正确性。黑客攻击、病毒入侵、信息盗用、邮件轰炸、网络木马等往往都是利用软件中的某些错误来损害软件使用者的利益，这些非法的行为使得软件比较脆弱，容易被修改和破坏。

## （二）计算机软件的分类

按照不同的原则和标准，可以将软件划分为不同的种类。通常从应用的角度出发，将软件划分为系统软件和应用软件两大类。

### 1. 系统软件

系统软件是指控制和协调计算机及外部设备，支持应用软件的开发和运行，或者为用户管理和使用计算机提供方便的一类软件。它的主要功能包括启动计算机，存储、加载和执行应用程序，对文件进行排序、检索，将汇编语言或高级语言翻译成机器语言等。

系统软件是计算机系统的管家，对硬件而言，它既受到硬件的支持，又能控制硬件各部分的协调运行；对软件而言，它是各种应用软件的依托，既为应用软件提供支持和服务，又对应用软件进行管理和调度。

在计算机系统中，系统软件是必不可少的。通常在购买计算机时，计算机厂商会提供给用户一些最基本的系统软件，否则计算机无法工作。这些基本的系统软件包括：基本输入/输出系统、操作系统、程序设计语言处理程序、数据库管理系统、常用的实用程序等。

（1）程序设计语言和语言处理程序

计算机解决问题的一般过程是用户用计算机语言编写程序，输入计算机，然后由计算机将其翻译成机器语言，在计算机上运行后输出结果。程序设计语言的发展经历了五代——机器语言、汇编语言、高级语言、非过程化语言和智能语言。

计算机只能直接识别和执行机器语言，因此要在计算机上运行高级语言程序就必须配备程序语言翻译程序，翻译程序本身是一组程序，不同的高级语言都有相应的翻译程序。

（2）数据库管理程序

在计算机中对数据的管理极为重要，特别是在计算机信息管理系统中尤为突出，庞大的信息使人工难以应付，希望借助计算机对信息进行搜集、存储、处理和使用，因此出现了数据库技术。

数据库是指按照一定联系存储的数据集合，可被多种应用程序共享。数据库管理系统是一种操纵和管理数据库的大型软件，用于建立、使用和维护数据库。

（3）常用的实用程序

常用的实用程序包括诊断程序、排错程序、网络通信程序、磁盘清理程序、备份程序等。

## 2. 应用软件

应用软件是指在不同的应用领域中，为解决各类问题而编写的程序，它是直接面向用户需求的一类软件。应用软件比系统软件更加丰富多彩，它进一步扩充了计算机的功能，使计算机具有更强的通用性和广泛性。

按照应用软件的开发方式和适用范围，可将其分为通用应用软件和定制应用软件两类。通用应用软件是一些几乎人人都需要使用的，但是为了某一特定目的服务的一类软件，如文字处理软件、信息检索软件、游戏软件、媒体播放软件等，这类软件设计精巧，易学易用。定制应用软件是按照特定领域用户的特定应用要求而专门设计开发的软件，这类软件专用性强，设计和开发成本相对较高，主要是一些专门的机构或用户购买，价格比通用应用软件贵。

## 3. 系统软件与应用软件的关系

包在裸机外面的是系统软件，包在系统软件外面的是应用软件，所以软件是在硬件基础上对硬件功能的扩充与完善。软件又分为若干层，内层软件是对计算机硬件功能的完善和扩充，外层软件是对内层软件的进一步完善和扩充。

计算机软件很多，但是为了节省计算机的存储空间，提高机器的运行效率，在计算机中不能安装太多的软件。除一些必需的操作系统、常用的高级语言处理程序、调试软件、杀毒软件外，其余的软件是否安装需要由用户的需求而定，不常使用的软件或暂时不需要使用的软件可以文件形式保存在磁盘上，使用时再调入计算机中。

## （三）计算机软件的保护

### 1. 软件的授权方式

不同的软件一般都有对应的软件授权，软件的用户必须在同意所使用软件的许可证的情况下才能够合法地使用软件，这样可以保护软件开发者的利益。

依据授权方式的不同，大致可将软件分为以下几类。

（1）商品软件

商品软件的源代码通常被所有者视为私有财产而予以严密的保护，用户必须付费才能得到它的使用权，而且也不允许用户随意复制、研究、修改或散布该软件。商品软件除了受版权保护之外，还受到软件许可证的保护，违反者将要承担严重的法律责任。传统的商业软件公司会采用此类授权，例如微软的一系列操作系统软件和办公软件。

（2）自由软件

自由软件正好与商品软件相反，它的源代码是公开的，供用户自由下载使用，且允许用户随意复制、研究、修改和散布软件，但要求对软件源代码的任何修改都必须向所有用户公开，还必须允许以后的用户享有进一步复制和修改的自由。

自由软件的创始人是理查德·马修·斯托曼（Richard Matthew Stallman）。理查德认为一个好的软件应该自由自在地让人取用，而不应该作为相互倾轧、剥削的工具。他启动了开发"类 UNIX 系统"的自由软件工程（名为 GNU），创办了自由软件基金会（FSF），拟定了通用公共许可证（GPL）来贯彻自由软件的非版权理念。自由软件有利于软件共享和技术创新，它的出现成就了一大批精品软件的产生。

（3）免费软件

免费软件是不用付费就可取得的软件，但不提供源代码，也无法修改。免费软件可复制给他人，而且不必支付任何费用给程序的作者，使用上也不会出现任何日期的限制或是软件使用上的限制。但当复制给别人时，必须将完整的软件档案一起复制，且不得收取任何费用或转为其他商业用途。在未经程序作者同意时，不能擅自修改该软件的程序代码，否则视同侵权。

需要注意的是大多数自由软件都是免费软件，但免费软件并不全是自由软件。

（4）共享软件

共享软件是一种"买前免费试用"的具有版权的软件，通常可免费地取得并使用其试用版，但在功能或使用期限上受到限制。开发者会鼓励用户付费以取得功能完整的商业版本。

（5）公共软件

公共软件是没有版权的软件。没有版权的原因可能是原作者放弃权利、著作权过期或作者已经不可考究的软件等。

### 2. 软件的保护条例

人们为了开发各种各样的软件，必然要投入大量的人力、物力和财力。软件是一种智力活动的成果，它的价值已经被人们接受，而且越来越受到社会的重视，如何用法律手段来保护软件开发者的权益，已成为社会普遍关注的问题。为此，国内外都已制定了计算机软件的法律保护措施，主要包括专利法、著作权法、商业秘密法。

（1）专利法

专利法中规定，一旦某个软件获得了专利，即使是独立开发出来的其他类似软件，也不能销售。

（2）著作权法

著作权法中规定，计算机软件与书籍、音乐、论文、电影等一样受到知识产权（版权）法的保护。版权是授予软件作者的某种独占权利的一种合法的保护形式，版权所有者唯一地享有该软件的复制、发布、修改、署名、出售等多项权利。作为软件使用者购买了一个软件之后，仅仅只得到了该软件的使用权，并没有获得对该软件的其他权利，因此，随意进行软件的复制和分发是一种违法行为。

（3）商业秘密法

商业秘密法中规定，禁止泄露行为和窃取行为以及不合法的使用行为。

## 二、操作系统

操作系统是计算机系统中最底层的核心软件。它负责控制和维护计算机的正常运行，管理计算机的各种软硬件资源，提高资源的利用率，提高用户的工作效率，同时也为用户与计算机系统之间进行交互提供了有效的接口。

### （一）操作系统概述

#### 1. 操作系统的概念

操作系统是计算机系统最重要的一种系统软件，也是计算机系统的内核与基石。操作系统是一些程序模块的集合。它们能以尽量有效、合理的方式管理和控制计算机系统中的硬件及软件资源，合理地组织计算机工作流程，为应用程序的开发和运行提供一个高效的平台，同时为用户提供一个功能完善、使用方便、可扩展、安全和可管理的工作环境和友好的接口。

操作系统是计算机必须配置的最基本和最重要的系统软件，是硬件的第一级扩充。经过操作系统提供的资源管理功能和方便用户的各种服务手段把裸机改造成为功能更强、使用更为方便的机器，通常称为"虚拟机"。而其他系统软件和应用软件则运行在操作系统之上，需要操作系统支撑。

#### 2. 操作系统的作用

操作系统的主要作用可概括为以下3个方面。

（1）为计算机中运行的程序管理和分配各种软硬件资源

计算机系统中包含各类软硬件资源。组成计算机的硬件设备被称为硬件资源，计算机内存放的各种程序和数据被称为软件资源。系统的这些资源都由操作系统根据用户的需求并按照一定的策略来分配和调度。

通常，计算机中总是有多个程序在同步运行，这些程序在运行时可能会要求使用系统中的各种资源。此时要由操作系统对这些资源进行调度和分配，以避免各程序间的冲突，确保所有程序可正常有序地运行。

从软硬件资源管理的角度来看，操作系统主要具有处理机管理、存储管理、文件管理和设备管理等功能。处理机管理功能可在一个多道程序系统中，根据一定的策略将处理器时间交替地分配给等待运行的程序，使多个程序可同步有序地运行；存储管理功能负责程序运行时所需内存的分配与回收、内外存之间的数据交换等；文件管理功能通过文件系统提供了计算机组织、存取和保存信息的重要手段；设备管理功能主要对外部设备进行分配和回收，并控制外部设备按照用户程序的要求进行操作等。

（2）为用户提供友善的人机界面

人机界面是用户与计算机之间传递、交换信息的媒介和对话接口，是计算机系统的重要组成部分。人机界面主要通过可输入输出的外设及相应的软件来完成。

目前，操作系统向用户提供的人机界面的主要形式为图形用户界面或图形用户接口，它采用图形方式显示计算机操作环境，通过多个窗口分别显示正在运行的各程序的状态，采用"图标"来形象地表示系统中的文件、程序等对象，并将系统命令和程序功能集成在"菜单"中。与早期计算机使用的命令行界面相比，图形界面对于用户来说更简便易用。用户不再需要死记硬背大量的命令，而是通过窗口、菜单、鼠标按键等方式来进行操作，用户可以更直观、灵活、方便、有效地使用计算机。

（3）为应用程序的开发与运行提供一个高效的平台

没有安装任何软件的计算机为裸机。在裸机上通常无法开发和运行应用程序。安装了操作系统后可把裸机改造成功能更强、使用更方便的"虚拟机"。操作系统可屏蔽几乎所有物理设备的技术细节，以规范、高效的方式（如系统调用、库函数等）向应用程序提供了有力的支持，从而为开发和运行其他系统软件及各种应用程序提供了一个平台。

### 3. 操作系统的引导过程

在计算机中安装了操作系统后，操作系统大多驻留在计算机的硬盘存储器中，其引导过程是指打开电源启动计算机后，操作系统内核文件如何从外存进入内存并形成一个用户能使用计算机的环境的过程。操作系统的引导过程涉及计算机硬件的底层功能，主要有如下几个启动步骤。

①系统加电，处理器复位，查找计算机启动指令的 ROM BIOS。

②执行 BIOS 中的加电自检程序，检测系统中的一些关键设备是否存在和能否正常工作，例如内存和显卡等设备，并显示检测信息。

③若自检无异常情况，CPU 将继续执行 BIOS 中的引导装入程序，即自举程序，根据用户在 CMOS 中设置的启动顺序从软盘、硬盘、光盘等启动，读出主引导记录并装入到内存，然后将系统控制权交给其中的引导程序。

④由引导程序装入操作系统。操作系统装入成功后，整个计算机的控制权就交给了操作系统，用户则可正常使用计算机了。

## （二）处理机管理

处理机是计算机系统的核心资源，它是计算机系统的运算、控制中心，其处理能力是评价整个计算机系统性能的重要指标。而操作系统作为系统资源的管理者，其设计目的就是要提高系统的处理能力和系统资源的利用率，尤其是 CPU 资源的利用率。因此，如何有效地对 CPU 进行管理和调度就成为设计操作系统时优先考虑的问题。

早期的操作系统不支持多任务，一旦某个程序运行起来后，就占用所需要的所有资源，直到该程序运行结束，这也称为单道程序系统。在这种系统中多个程序之间只能依次执行，即使下一个程序所需要的部分资源已经空闲，也要等到一个程序结束后才能运行，系统效率非常低，大量的资源在很多时候都是处于闲置状态。为了提高系统的效率，后来的操作系统都允许多个程序同时执行，称为多道程序系统。多道程序在宏观上是多个程序同时执行，但是在微观上任意时刻只能执行一个程序，多个程序之间是交替使用系统资源的，这样就提高了系统的利用率，但是操作系统必须在多道程序之间进行协调管理，将资源合理地进行分配。

在多道程序系统中，通常把正准备进入内存的程序称为作业，当这个作业进入内存后就被称为进程。在早期的多任务操作系统中，处理机这种资源均以进程为基本单位进行分配，因此，处理机管理也称为进程管理。而现代的操作系统中又引入了更小的处理机资源的分配单位——线程，所以处理机管理相应地变成了对线程的管理。包括创建进程（线程）、调度进程（线程）、撤销进程（线程）。以下介绍一下什么是进程和线程。

### 1. 进程的概念

进程是一个可并发执行的具有独立功能的程序关于某个数据集合的一次执行过程，也是操作系统进行资源分配和保护的基本单位。进程和程序之间最大的区别就是进程是动态的而程序是静态的，程序不运行时可以在外存中长期存放，而进程存在的时间是短暂的。一个程序可以被执行多次形成多个进程，例如在支持多用户的分时操作系统中，多个用户可能都希望使用"记事本—编辑文本"，则"记事本"程序被执行了多次形成了多个进程，但不同进程的数据和执行过程是不一样的。操作系统需要协调这些不同的进程，为不同的进程分配诸如 CPU、存储器等各种资源，从而保证多道程序系统的正常运行。在 Windows 操作系统中可通过按 Ctrl＋Alt＋Del 组合键打开"Windows 任务管理器"查看正在执行的程序和进程，系统共有 54 个进程正在运行，其中记事本程序 notepad.exe 被同时运行了 3 次，因而内存中有 3 个这样的进程，它们所占用的内存空间大小是不同的。此外，图中很多进程是操作系统运行时生成的以及后台运行的程序所对应的进程，故进程列表中的项目明显比应用程序列表中的项目要多很多。

多个进程交替使用系统资源，提高了系统的利用率。但是操作系统必须在这些进程之间进行协调管理，将资源合理地进行分配。操作系统一般采用一定的进程调度算法来为各进程分配 CPU 时间。常用的进程调度算法有先来先服务调度算法、最短作业优先调度算法、时间片轮转调度算法、优先级调度算法等。以时间片轮转调度算法为例，每个进程都能轮流得到一个时间片长度的 CPU 时间。当该进程的时间片用完后，不管该进程有多重要，也不管它执行到什么地方，CPU 都会强行暂停该进程，并把 CPU 的使用权交给下一个进程，被暂停的进程只有等到下一次得到 CPU 的使用权后才可以继续执行。

### 2. 进程的状态及其转换

基于上述的进程调度算法，可见进程的执行是间断的、不确定的，由此决定了进程具有多种状态。而进程的生命周期就是通过其状态的变迁来描述的。为了便于管理，可按进程在执行过程中的不同时刻的不同状况把进程划分为最基本的 3 种状态。

（1）就绪态

进程已获得了除 CPU 之外的所有资源，一旦系统分配 CPU 给进程，它就能进入运行状态。在系统中，当处于就绪状态的进程有多个时，常使用一个队列将它们按照优先级顺序组织起来，该队列就称为就绪队列。

（2）运行态

进程占有 CPU 正在运行。进程已获得必要的资源并占有 CPU 正在执行的状态。通常，处于运行态的进程数量与 CPU 的个数有关。在单 CPU 系统中，最多只有一个进程处于运行态。而在多 CPU 系统中可能有多个进程处于运行态。

（3）阻塞态

阻塞态又称为等待态（Wait）或睡眠态（Sleep）。它是指进程由于等待某些事件而处于暂停执行的一种状态。处于等待状态的进程，只有当等待事件发生后它才有可能被继续调度并执行。系统通常会根据等待的事件安排相应的等待队列来对这些进程进行管理。

通常，一个进程在创建后将处于就绪态，每个进程在执行过程中，任一时刻的状态肯定处于上述 3 种状态之一，而且可能在 3 个状态之间频繁转换。

进程的状态是随着自身的推进和外界条件的变化而不断变化。处于运行态的进程由于出现等待事件而进入阻塞态，当等待事件结束之后阻塞态的进程将进入就绪态，而 CPU 的调度策略又会引起进程从运行态到就绪态之间的切换。进程状态之间的转换主要体现为以下几点。

①就绪态——运行态

处于就绪状态下的进程被调度程序选中后，将获得处理机，从而进入运行态。

②运行态——阻塞态

运行状态下的进程，由于等待某些事件（如等待外设数据）的产生而暂停，它将释放 CPU，并从运行状态进入阻塞状态。

③阻塞态——就绪态

当进程等待的事件发生时，进程获得了它所需的资源，于是进程从阻塞状态转换成就绪状态，而不是重返运行态。

④运行态——就绪态

当运行时间到或出现有更高优先级的进程到来。此时，处于运行态的进程被剥夺 CPU，返回到就绪状态等待下一次调度。

进程不能从阻塞态直接返回运行态，其原因为此时系统中可能存在一些优先级高于该进程的就绪进程，若直接将其重新调度执行将违反进程公平、合理调度的原则。因此，只有该进程返回至就绪态并参与正常调度才能体现这一原则。此外，进程也不能从就绪态转入阻塞态，否则将会使某些进程可能长期得不到运行。

3．线程

为了更好地实现并发处理和共享资源，减少程序并发执行时所付出的时空开销，进一步提高系统的吞吐量，许多操作系统把进程再细分成更小的能独立运行的基本单位—线程。

所谓线程，是由进程派生出来的一组代码（指令组）的执行过程，具有传统进程所具有的许多特征，故又称为轻型进程。而把传统的进程称为重型进程。在引入了线程的操作系统中，通常一个程序至少有一个进程，一个进程都有若干个线程，至少也需要有一个线程。进程仍然是资源分配的基本单位，而一个进程内的线程成为处理器调度的基本单位。也就是说，在多线程系统中，进程不再区分不同的状态，线程才有运行、阻塞、就绪等不同的状态之分，在这些状态之间转换。进程的执行职能通过它的各个线程的执行来体现。

线程可分为核心级线程和用户级线程。核心级线程由系统内核进行管理，是在内核的存储空间中，在 CPU 的核心态下实现线程的建立、撤销、调度、切换。用户级线程由用户程序在自己进程之内运用函数库中提供的线程控制函数（线程库）来创建、管理、调度多个线程。

现代操作系统大多引入了线程，把线程视为基本执行单位，以便进一步提高系统的并发性，并把多线程共存于应用程序中作为现代操作系统的基本特征和重要标志。多线程是指操作系统支持在一个进程中执行多个线程的能力。例如，Windows 操作系统即采用了多线程的工作方式，线程是 CPU 的分配单位。其优点为能充分共享资源、减少内存开销、提高并发性和加快切换速度。

## （三）存储管理

存储器是计算机中最重要的资源之一，分为内存和外存，操作系统的存储管理是指对内存的管理，它是操作系统最主要的功能之一。为了支持多任务程序运行，存储管理必须能实现内存的分配与回收、内存保护与共享、地址映射和内存扩充等功能。

### 1. 内存的分配与回收

在多任务程序的操作系统中，存储管理根据各用户程序的要求，按照一定的算法对内存进行合理的分配与回收。用户程序必须按照规定的方法向操作系统提出申请，由存储管理系统对内存进行统一的分配。存储管理系统根据申请者的要求，按一定策略分析存储空间的使用情况，以找出足够的空闲区分配给申请者。若当时的内存情况不能满足用户的申请时，则让用户程序等待，直到有足够的内存空间为止。当内存中某道作业撤离或主动归还内存资源时，存储管理系统还要回收作业所占用的内存空间，使它们成为空闲区部分。

### 2. 内存保护与共享

为了更有效地使用内存空间，要求内存中的程序或数据能够共享。当多道程序共享内存空间时，需要对内存信息进行保护，以保证每个程序在各自的内存空间正常运行；当信息共享时，也要对共享区进行保护，防止任何进程去破坏共享区中的信息。

### 3. 地址映射

在多道程序环境下，地址空间中的逻辑地址空间（应用程序经编译、链接后形成的可装入程序地址）和内存空间中的物理地址是不可能一致的。因此，存储管理必须提供地址映射功能，将用户程序中的逻辑地址转换为存储器中的物理地址。

逻辑地址也称为相对地址或虚地址，即用户编写的源程序经过编译或汇编之后形成的目标代码，通常为相对地址形式，即目标程序的首地址总是为零，而程序中的其他地址都是相对于首地址而确定的。逻辑地址不是内存的物理地址，不能用逻辑地址在内存中存取信息。一个程序的所有逻辑地址组成的空间称为该程序的逻辑地址空间。

物理地址也称为绝对地址，即存储单元的真实地址，是内存中各物理存储单元的地址从统一的基地址进行的顺序编号的地址，它是可识别的、实际存在的并可寻址的地址。通常把系统所配置的内存储器的全部物理单元的集合称为内存空间。

当程序加载到内存中时，其逻辑地址经常与分配给它的内存空间的物理地址不同，而且对于每个用户程序的逻辑地址空间在内存中也没有一个固定的物理地址空间与之对应，因此不能根据逻辑地址直接到内存中去存取指令和数据。实际上 CPU 执行指令时是按物理地址存取指令的，所以为保证程序地正确执行，必须根据分配到的实际内存空间将指令和数据的逻辑地址转换成物理地址。把逻辑地址转换成物理地址的工作称为"地址转换"或"地址重定位"。不同的存储管理方案，其地址映射方式及地址映射机构各不相同。

### 4. 内存扩充

由于物理内存容量有限，当其容量不够使用时，可以设法将其"扩大"，许多处理系统使用虚拟存储技术来扩展物理内存，即从逻辑上扩充内存容量，使用户程序即使在程序大小比实际的内存容量还要大的情况下，也能在内存中运行。虚拟存储技术的基本原理为：当进程运行时，先将一部分程序装入内存，另一部分暂时留在外存，当要执行的指令不在内存时，由系统自动完成将它们从外存调入内存的工作。具体而言，将程序及其数据可能用到的整个存储空间分成一个个相同大小的页，当启动进程向内存装入程序和数据时，只将当前要执行的一部分程序和数据页面装入内存，而其余页面放在外存提供的虚拟内存中，然后开始执行程序。在程序执行的过程中，如果需要执行的指令或被访问的数据不在物理内存中，则由操作系统中的存储管理程序将位于外存的虚拟内存中的相关页面调入到实际的物理内存中，然后再继续执行程序。当然，为了腾出空间来存放将要装入的程序或数据页面，存储管理程序也应将物理内存中暂时不使用的页面调出保存到外存的虚拟内存中。从效果上看，这样的计算机系统好像为用户提供了一个容量比主存大得多的存储器，这个存储器称为虚拟存储器。

在 Windows 中虚拟内存也叫页面文件，在磁盘的任何分区中都可以设置不同大小的虚拟内存，总的虚拟内存大小微软建议为机器中所安装的物理内存的 1.5 倍。

## （四）文件管理

在现代计算机系统中，要用到大量的程序和数据，但由于计算机的内存容量有限，并且内存中保存的信息在断电之后将丢失，因此，计算机中的各种程序、数据和文档通常都是以文件的形式保存在计算机的外存储器上，待需要时再把它们装入内存。为了对这些文件进行组织和管理，操作系统中都设有文件管理这一重要功能，负责管理外存上的文件并把对文件的存取、共享和保护等手段提供给用户。这样不仅方便了用户，保证了文件的安全性，还可以有效地提高系统资源的利用率。

文件管理的任务是：实现文件的存取、检索、更新，文件存储空间的分配与回收，文件的共享和保护，并向用户提供文件操作接口。

### 1. 文件

文件是逻辑上具有完整意义的一组相关信息的有序集合，通常被保存在外存储器上。计算机的所有软件资源大多是以文件形式进行组织与管理的，包括用户作业、源程序、目标程序、初始数据和程序输出结果等。此外，文件还包括各种系统软件，如汇编程序、编译程序、连接装配程序、编辑程序调试程序等。

为了方便用户使用，计算机中的文件是按名存取的。每个文件都要用一个名字做标识，称为"文件名"。文件名由用户给定，是由字母或数字组成的一个字符串。

### 2. 文件系统

文件系统是操作系统中负责文件的组织、管理和存取的一组系统程序，即管理软件资源的软件。它用统一的方式管理用户和系统信息的存储、检索、更新、共享和保护，并为用户提供一整套方便、有效的文件使用和操作方法。文件系统的功能主要包括以下内容：

①实现文件的按名存取，完成从文件名到文件存储物理地址的映射。

②文件存储空间的分配与回收。当建立一个文件时，文件系统根据文件块的大小，分配一定的存储空间。当文件被删除时，系统将回收这一空间，以提高空间的利用率。

③对文件及文件目录的管理。这是文件系统最基本的功能，包括文件的建立、读、写和删除，文件目录的建立与删除等。

④提供（创建）操作系统与用户的接口。

⑤提供有关文件自身的服务，如文件的安全性、文件的共享机制等。

### 3. 文件目录管理

计算机系统中有数以千万计的文件，为了有效地管理这些文件，并让用户能方便地查找所需的文件，需要在系统中建立一套文件目录机制。文件目录的组织原则是能方便而迅速地对目录进行检索，从而能准确地找到所需文件。

文件目录是一种数据结构，用以标识系统中的文件及其物理地址，供检索时使用。文件目录由若干目录项组成，每个目录项对应其中一个文件的文件控制块（包括文件名、文件体的物理地址、存取控制信息等），文件体另外存放。

（1）文件控制块

从文件管理的角度看，文件由文件说明和文件体两部分组成。文件体即文件本身，文件说明则是保存文件属性信息及控制信息的数据结构，称之为文件控制块。FCB 包含了管理文件和说明文件特性的全部信息，如文件名、用户名、文件的属性、文件所在的物理地址、文件的长度、文件所有者名、存取权限、文件建立或修改的日期等。

操作系统通过建立文件控制块来管理文件。操作系统为每个文件设立一个文件控制块，最简单的文件控制块只有文件的标志和定位信息，这也是它的最基本内容。为满足用户的各种需要，增加文件管理系统功能，控制块中还有说明和控制方面的内容。文件与文件控制块一一对应，而文件控制块的有序集合就是文件目录。也就是说，一个文件控制块即为一个文件目录项。为实现文件目录的管理，文件目录需要以文件的形式长期保存在外存空间，该文件被称为目录文件。

当用户要求存取某个文件时，系统查找文件目录并比较文件名就可以找到所寻文件的文件控制块（文件目录项）。然后，再通过文件目录项指出文件的文件信息相对位置或文件信息首块物理位置等就能依次存取文件信息了。

（2）树形目录结构

目录结构的组织是设计文件管理系统的重要环节，关系到文件管理系统的存取效率、文件的安全性和共享性。目前常用的目录结构有单级目录结构、两级目录结构和树形目录结构。

（3）目录路径

目前许多操作系统对于文件管理都采用上述的树形目录结构。在这种结构中，从根目录开始向下到每一个文件都有一条唯一的"目录路径"。这个"目录路径"就是在文件系统中确定一个文件位置的唯一方法。用户在进行文件操作时，必须指明作为操作对象的那个文件的路径和文件名。目录的路径一般有两种方式：绝对路径和相对路径。

## 4．文件的操作

一个好的文件系统应该能提供种类丰富、功能强大的文件操作，以满足用户对文件的多种操作要求。对文件的操作可通过系统命令或系统调用的方式，在文件控制块的作用下完成。

（1）文件操作的基本内容

文件系统一般提供如下专用于文件、目录管理的操作。

①对文件目录的操作：如建立目录、删除目录（一般只能删除空目录）、显示工作目录、复制目录、移动目录等。

②对文件整体的操作：如建立文件、删除文件、打开文件、关闭文件、复制文件、移动文件、文件改名、修改文件属性等。

③对文件内容存取的操作：如读写文件、显示文件内容等。

（2）文件操作的基本方法

文件系统在提供了上述文件操作功能的同时，也向用户提供了各种方法来完成这些功能。

①命令接口：这是供用户直接进行文件管理操作的交互式方法，包括许多操作系统命令或图形用户界面中的菜单、操作按钮等形式。

②编程接口：操作系统提供了许多系统调用，以实现在程序（各种应用软件或用户自编程序）中进行文件操作。而且其中绝大多数操作都已经包装成为各种程序设计语言的库函数或过程，可以直接在编程中使用。

## （五）设备管理

在计算机系统中，除了 CPU 和内存之外，其余的大部分硬件设备称为外部设备。它包括常用的输入/输出设备、外存设备以及终端设备、网络设备等。这些外部设备的种类繁多、功能差异很大。设备管理的主要任务就是管理这些外部设备，完成用户提出的 I/O 请求、为用户分配 I/O 设备、提高 CPU 和 I/O 设备的利用率、提高 I/O 速度、方便用户使用 I/O 设备。

### 1．设备管理的功能

设备管理一般提供下列功能。

（1）提供和进程管理系统的接口

当进程要求设备资源时，该接口将进程要求传达给设备管理程序。

（2）进行设备分配

按照设备类型和相应的分配算法把设备和其他有关的硬件分配给请求该设备的进程，并把未分配到所请求的设备或其他有关硬件的进程放入等待队列。

（3）实现设备和设备、设备和 CPU 等之间的并行操作

这需要有相应的硬件支持，除了装有控制状态寄存器、数据缓冲寄存器等的控制器之外，对应于不同的输入输出（I/O）控制方式，还需要有 DMA 通道等硬件。在设备分配程序根据进程要求分配了设备、控制器和通道（或 DMA）等硬件之后，通道（或 DMA）将自动完成设备和内存之间的数据传送工作，从而完成并行操作的任务。在没有通道（或 DMA）的系统中，则由设备管理程序利用中断技术来完成上述并行操作。

（4）进行缓冲区管理

通常，CPU 的执行速度和访问内存的速度都比较高，而外部设备的数据流通速度则低得多（例如键盘输入），为了减少外部设备和内存（或 CPU）之间的数据速度不匹配的问题，系统中一般设有缓冲区来暂存数据。设备管理程序负责进行缓冲区的分配、释放以及相关的管理工作。

## 2. 设备管理提供的服务

计算机配备的外部设备种类繁多，性能和操作方式也各不相同。操作系统的设备管理为用户提供了以下服务，简化用户使用和管理外设。

（1）设备驱动程序

设备驱动程序是操作系统管理和驱动设备的特殊程序，相当于硬件的接口，操作系统只有通过这个接口，才能控制硬件设备的工作，设备的驱动程序如果未能正确安装，便不能正常工作。

不同操作系统对设备驱动程序结构的要求是不同的，通常在操作系统的相关文档中，都有对设备驱动程序结构方面的统一要求。此外，设备驱动程序也与 I/O 设备的硬件特性有关。通常，一个设备驱动程序对应处理一种设备类型，或至多对应一类密切联系的设备。不同厂家生产的同一类型设备的驱动程序也各不相同。

从理论上讲，所有的硬件设备都需要安装相应的设备驱动程序才能正常工作。但像 CPU、内存、主板、软驱、键盘、显示器等设备却并不需要安装驱动程序也可以正常工作。这主要是由于早期的设计人员已将这硬件列为 BIOS 能直接支持的硬件，也就是说，上述硬件安装后就可以被 BIOS 和操作系统直接支持，不再需要安装设备驱动程序。因此，BIOS 也是一种设备驱动程序。而其他的硬件设备，如网卡，打印机、扫描仪等则必须安装设备驱动程序，否则就无法正常工作。通常，在安装操作系统时，系统会自动检测设备并安装相关的设备驱动程序，以后用户如需添加新设备，必须再安装相应的驱动程序。

（2）即插即用

即插即用是指把设备连接到计算机后无须手动配置即可使用。其任务是把物理设备和设备驱动程序相配合，并操作设备，在每个设备和它的驱动程序之间建立通信信道。

需要说明的是，即插即用并非不需要安装设备驱动程序，而是指操作系统能自动检测到设备并自动安装该设备的驱动程序。

目前绝大多数操作系统都支持即插即用技术，从而避免了用户使用设备时烦琐的手工安装和配置过程。

（3）热插拔

热插拔是指在计算机带电工作的过程中可以将设备取下或者接上。目前计算机中支持热插拔的设备主要是以外设为主，例如 USB 接 U 的设备、1394 接口的设备、以太网双绞线接口等，另外还有串行 SATA 接口的硬盘也支持热插拔，但要注意的是装有操作系统的硬盘不能热插拔，否则系统将会停止运行。服务器支持的热插拔设备更多，如硬盘、内存、电源等，这是因为服务器一般都需要 24 小时不间断运行，所以拆卸和更换设备不能影响系统的正常运行。

（4）集中统一管理

现代操作系统为用户设计了简单、可靠、易于维护的设备管理系统，用以集中统一管理各种计算机外部设备。

在"设备管理器"中，用户可以了解计算机上硬件的安装和配置信息，以及硬件与计算机程序交互的信息，还可以检查硬件状态，并更新安装在计算机上的硬件的设备驱动程序等。

## 三、程序设计语言处理系统

程序设计语言分为 3 类：机器语言、汇编语言和高级语言。用机器语言编写的程序可以直接在计算机上执行，其他程序设计语言编写的程序都不能直接在计算机上执行，需要对它们进行适当的变换。语言处理系统的作用是把程序语言编写的程序变换成可在计算机上执行的程序。负责完成这些功能的软件是汇编程序、解释程序、编译程序，它们通称为程序设计语言处理系统。

### （一）汇编程序

用汇编语言编写的程序称为汇编语言源程序，经汇编程序翻译后得到的机器语言程序称为目标程序。汇编语言源程序需要由一种"翻译"程序来将源程序转换为机器语言程序，这种翻译程序被称为汇编程序。

### （二）高级语言的语言处理系统

用高级语言编写的程序称为高级语言源程序，经语言处理系统翻译后得到的机器语言程序称为目标程序。高级语言源程序必须翻译成机器语言程序后才能被计算机执行，否则计算机是无法直接执行用高级语言编写的源程序的。

高级语言处理系统的翻译方式有两种：一种是解释方式，另一种是编译方式。相应的语言处理系统分别被称为编译程序和解释程序。

#### 1．解释方式

解释程序对源程序进行翻译的方法相当于两种自然语言间的"口译"。解释程序对源程序的语句从头到尾逐句扫描、逐句翻译，翻译一句执行一句，立即产生运行结果，解释程序并不产生目标代码。

#### 2．编译方式

编译程序对源程序的翻译方式相当于"笔译"。在编译方式下，由编译程序将源程序整个的"翻译"成用机器语言表示的等价的目标程序，该目标程序可以被计算机执行，完成需要的运算并取得相应的结果。

# 第三章　计算机存储技术

## 第一节　计算机存储设备概述

### 一、磁存储设备

根据电磁学原理，电流通过导体时会在周围产生磁场，让具有磁性特征的物体通过磁场，物体就会被磁化从而把信息记录下来。反过来，当导体在磁盘中移动时会产生电流，让先前被磁化的物体从导体旁边通过而产生电流，被记录的信息便读了出来。磁存储设备就是利用电与磁的相互转换来完成信息的存储与还原的。

（一）磁存储器的工作原理

现在常见的磁存储器是磁盘或者磁带，是在盘片或者带基表示涂一层磁性材料做存储介质。一个缠绕线圈的 U 形磁铁为读、写磁头。当记录信息的电流通过线圈时，在磁头尖端产生磁场，同时盘片或者磁带在驱动电机的带动下滑过磁头尖端，磁性介质在磁场作用下被磁化从而相关信息被保留下来。这个过程可以形象地比喻为用笔写字，我们可以把磁头看成一支"笔"，而盘片或者磁带就是记录信息的"纸"。

在还原信息时，过程与信息的保存刚好相反。盘片或者磁带在驱动电机的作用下，用与记录时相同的速度滑过读取磁头尖端，磁头在磁介质的磁场作用下产生电流，再通过相应的处理过程还原为原始信息。由于记录的磁信号是非常微弱的，为了获得更强的电信号，提高设备的性能，必须提高读取磁信息的灵敏度，通常情况下读磁头的电磁线圈比写磁头有更多的匝数。在一些要求不高的地方，也将读和写合用一个磁头，这样可以明显降低设备的成本，便也牺牲了设备的性能。合用读写磁头的这种结构虽然相对要简单一些，但磁头线圈的匝数不能太多，否则在写入信息时容易发生磁饱和现象，因此读取信息时灵敏度也就不会太高。

磁存储的关键在于，被磁化的磁介质应该具有稳定的特征，能够保证信息得到足够时间的保存而不会发生丢失，同时，在人们不再需要这些信息时还能够比较容易地擦除。

磁盘和磁带的使用完全是由它们的特性决定的。通过卷绕方式存放的磁带可以做得很长，利于大批量信息存储，通常被称为"海量存储"。但卷绕起来的磁带很难随意查寻和读取其中的部分信息，所以通常用于有一定顺序关系的大宗数据的存取，比如数据的备份。不管是写数据还是读数据，每次总是从头开始挨着往后读写，我们把这样的过程叫顺序存取。磁盘是由一个或者多个圆形的盘片构成，数据记录在盘片表面。由于在一个平面上，可以通过移动磁头比较随意地在盘片表面迅速读写数据，利于数据的快速存取，我们把这种读取过程叫做随机存取。正因为其所表现的读写迅速的特点，磁盘得到了更加广泛的应用，成为计算机最重要的外部存储设备。

（二）软盘存储器

软盘存储器曾经是计算机，特别个人计算机（即 PC）的主要外部存储设备，也是个人计算机上最早的移动存储设备，我们常常直接简称软盘。它的英文名称为 Floppy Disk Driver，简写为 FDDO 软盘存储器由软盘驱动器和软盘两部分组成，软盘驱动器安装于 PC 机上，作为计算机硬件的一部分。软盘是在需要读写数据时再插入软盘驱动器内，使用后便取出，并可以在其他计算机上使用。因此，软盘成为最早的移动存储设备，为计算机数据的共享提供了方便。

软盘作为个人计算机的标准配置，在 PC 机上先后使用过 8 英寸、5.25 英寸和 3.5 英寸三种。最早软盘只是单面存储，后来发展为双面存储，使得存储容量翻倍。5.25 英寸软盘最大容量达到了 1.2MB，3.5 英寸软盘一度达到了 2.88MB。软盘使用固然方便，但盘片表面暴露在空气中，会受到灰尘的污染，磁头与磁盘直接接触的读写方式也很容易损伤软盘，这些缺陷对存储可靠性的影响还会随着存储密度的增大而急剧增加。3.5 英寸软盘存储容量虽然最大达到了 2.88MB，但由于存储密度太大，在软盘存储器现有的结构状况下，可靠性显著降低，数据容易丢失，因此并没有得到推广，后来，也就基本保持在 1.44MB 的存储容量。

软盘存储器由于受到存储密度无法继续提高的限制，存储容量无法再进一步提高，而现有的存储容量已经远远不能满足人们的需求，特别是利用 USB 插口的 U 盘的出现，其便携移动的功能随之被性能更加优异的设备所取代，使得人们完成放弃了软盘的使用。现在软盘已经基本上被淘汰，但在极个别的地方，由于其某些特殊的用途还不得不保留。例如在一些版本的 Windows 系统的安装中，如果需要为系统工作磁盘安装 SCSI 设备驱动程序，就必须使用软盘。

（三）硬盘存储器

硬盘存储器简称硬盘，是将磁盘和驱动器永久地密封在一个金属外壳内。IBM 提出"采用金属做片基，表面涂镀磁性介质，并安装于密闭空间内，由驱动马达带动高速旋转，磁头悬浮于磁片上方，不与盘片直接接触完成数据的读写"的温切斯特技术，随后采用温切斯特技术、应用于台式计算机的硬盘诞生。由于使用的是温切斯特技术，所以有时我们又把硬盘叫作温盘。今天的硬盘，不管是存储还是接口技术都发生了巨大的变化，但基本的工作原理和当初还是完全一样的。

硬盘采用完全密封的方式，而且磁头不与磁盘表面直接接触，因而磁盘的记录密度可以做得非常高。硬盘的磁头是悬浮于盘片上读写数据的，因而，哪怕是一个轻微的震动都会造成磁头与盘片的碰撞，从而造成磁盘表面的损伤，甚至是磁头的损坏。在硬盘工作时，要求不得随意移动硬盘，从而避免硬盘因震动而受到伤害，就算是在不工作时，移动电脑时也还是要轻拿轻放，应该尽量避免硬盘受到震动。

（四）磁带存储器

磁带存储器通常叫做磁带机，是由磁带驱动器和磁带构成，是一种经济、可靠的大容量备份设备。根据装带方式的不同，磁带存储器一般分为手动装带磁带机和自动加载磁带机。手动装带磁带机结构相对简单，在使用过程中需要人工更换磁带，工作效率相对较低。自动加载磁带机是将多卷磁带与磁带驱动器结合在一起，安装有自动加载装置，通过相应机械装置按指令自动从装有多卷磁带的磁带盒中选取指定磁带并装入驱动器上，使用完成后又从驱动器上取下磁带并放入磁带盒内。

为了增加存储的容量，常常使用磁带库。磁带库是集多台磁带机于一体，并置入一个机柜当中，构成一个封闭、超大容量的存储设备，实际存储容量可以达到数百 TB 甚至 PB 级，通常用于超大容量数据的自动化备份。

现在使用的磁带存储器根据磁带记录方式可以分为线性记录技术、螺旋扫描技术、DLT 技术和 LTO 技术。

线性记录技术又叫数据流技术，其工作原理与磁带录音机相似。驱动器中固定安装有一个，或者并排安装多个磁头，通过驱动电机带动磁带快速通过磁头来记录和读取信息。这种磁带驱动器结构相对简单，造价比较低廉，但这种记录方式的数据存储利用率较低，现在已很少使用了。

螺旋扫描技术来源于磁带录像机。磁头安装于高速旋转的磁鼓上，通过机械装置将磁带缠绕在磁鼓上，磁鼓与磁带保持一定的倾斜角度。当磁带缓慢地滑过磁鼓，在高速旋转磁鼓的带动下，磁头通过扫描磁带表面斜向面完成信息的读写。

DLT 技术又叫作数字线性磁带技术，是一种先进的存储技术标准。记录方式与线性记录技术非常相似，但它使用 1/2 英寸磁带具有 128 个磁道，包含了专利磁带导入装置和特殊磁带盒等关键技术，在带长为 1828 英尺的磁带上使单磁带未压缩容量可高达 20 GB。

LTO 技术又叫线性开放式磁带技术。LTO 技术通过对磁头和伺服结构方面进行全面改进，增加磁带的信道密度，同时采用了先进的磁道伺服跟踪系统来有效地监视和控制磁头的精确定位，从而提高磁道密度。LTO 是一种高新磁带处理技术，它极大地提高了磁带的备份数据量，将磁带的容量提高到 100GB 以上。

目前磁带存储器使用的接口有 LPT 接口（即并口）、增强型 IDE 接口（EIDE）、SCSI 和光纤通道 FC 接口。LPT 接口速率较低，EIDE 接口主要用于内置磁带机，这两种接口多用于台式机。SCSI 接口和光纤通道接口具有较快的连接速率，性能优异，通常用于服务器。

## 二、光盘存储器

光盘存储器是利用光来记录和读取信息的，信息记录于光盘上，结构上与软盘存储器类似，也是由驱动器和光盘两部分组成。光盘驱动器分为两类，一种是只能读取光盘信息的，简称光驱；另一种是可以往光盘写入信息的，当然光盘是可写入的，这种驱动器叫作光盘刻录机。

光盘存储器最先用于数字化音频，20 世纪 80 年代后开始在计算机领域广泛使用。

激光是单一光谱的近似平行光源，利用激光二极管较易获得足够大的功率激光，所以，CD－ROM 光驱采用 780 纳米近红外线激光二极管，而更高纪录密度的光驱使用波长更短的蓝光激光，称之为蓝光光驱。

## （一）CD-ROM 光驱的工作原理

CD-ROM 是一种只读光盘，通常是由工厂批量生产。CD-ROM 光盘是由带金属反射层的塑料聚合物制成，主要分为三层，一般是用聚碳酸酯塑料为衬垫，在衬垫上涂镀金属铝膜为反射层，在铝膜外涂上一层漆做保护层。

CD-ROM 光盘的盘片厚度为 1.2 mm，这是由所使用的激光波长决定的。盘片直径有 80 mm 和 120 mm 两种，标准存储容量分别是 240 MB 和 650 MB。

光盘上信息的记录是利用凹坑和台岸来完成的。当激光透过塑料衬底，在通过凹坑和台岸反射回来产生强弱不同的光，被激光拾取装置转换为相应的电信号。为提高存储效率，光盘存储器并不是直接用凹坑和台岸来代表数字 0 和 1 的，而是用凹坑与台岸间信号的变化来表示 1，不发生变化的凹坑或者台岸表示 0。

当光盘放入后，激光头在伺服电路控制下对光盘进行识别。在识别到正确的光盘信息后，相应的指令送到光盘驱动电机伺服电路，在伺服电路的控制下主轴电机带动光盘按指定的速度旋转。同时激光头也在伺服电路的控制下读取光盘信息。

为了使整个光电系统有足够的精度，从而保证数据读取的可靠性，将主要的控制与读取部件都集成到了一起，这便是所说的激光头。激光头主要由激光二极管、拾取信号的光电二极管、半透反射镜、聚焦透镜、控制线圈和伺服电路等组成。首先，由激光二极管产生的激光，通过半透反射镜反射后，转向光盘，通过透镜聚焦于光盘的信息记录层。经过光盘反射回来的光线一部分透过半透镜到达光电二极管，被拾取为电信号，经过电路整形、识别处理后得到相应的二进制代码。

CD-ROM 光盘是在工厂通过压膜的方式进行批量生产的，其生产过程是先通过激光记录，再进行化学冲洗和电镀生产出带有凹坑的金属母盘，然后在机器上对塑料加热后用母盘压制，再在成形的塑料表面镀上金属铝，最后涂上保护层。这种生产模式的主要生产成本在于母盘的制作，所以适合大批量生产。

## （二）CD-ROM 光驱

CD-ROM 光驱有内置和外置两类。内置式光驱安装于计算机内，成为计算机的组成部分，所有的台式机和大部分笔记本都安装有光驱。外置式通过接口与电脑相连，通常用于不便安装设备的比较小巧的笔记本上。

内置式 CD-ROM 的接口有 IDE 和 SATA 两种接口，现在基本都是 SATA 接口了，与硬盘的接口是一样的，连接方式也相同。外置 CD-ROM 的接口一般都是 USB 接口，连接和使用都很方便，支持热插拔，但是，由于 USB 接口的供电无法满足光驱的要求，需要另接电源。

CD-ROM 光驱的速率是用倍速来表示的。最先设计的光驱传输速率是 150KB/S，以此作为标准，以后的光驱速率不断提高，所以就有了 8 倍速、16 倍速、40 倍速，甚至达到 48 倍速。50 倍速左右的速率几乎成为 CD-ROM 的极限，因为塑料材质的光盘已经再也无法承受更高的转速了。曾经出现过号称 100 倍速的光盘驱动器，实际并不是真正的 100 倍速，它是通过增加高速缓冲存储器来提高光驱的响应能力，实际效果也并不太明显。

### (三) DVD 光驱

DVD 是英文的缩写，意思是数字多功能光盘。与 CD－ROM 相比，DVD 驱动器和光盘在结构和外观上并没有什么太明显的差异，接口也与 CD－ROM 是一样的。由于采用的激光波长缩小到 650 nm，就把原本 0.85 $\mu$m 的读取光点大小缩小到 0.55 $\mu$m，因此，DVD 具有更高存储密度，使得单盘存储容量扩大到了 4.7 GB。由于波长的缩短，光线的聚焦路径也缩短，所以，盘片的厚度也减少到了 0.6 mm，原来 1.2 mm 厚度的标准光盘可以双面使用，或者做成单面双层结构的光盘，一张光盘的容量就达到 8.5 GB。

DVD 光盘驱动器的标准速率为 1350 KB/S，随着技术的发展，DVD 的速率也在不断提高，就有了 2 倍速、4 倍速等产品，现在最高速率已经达到 24 倍速。DVD 是向下兼容的，DVD 光盘驱动器也能够读取 CD－ROM 光盘。

DVD 光盘的规格有四种，使用最多的是 DVD－5，光盘结构为单面单层，其次是 DVD－9。双面结构的 DVD 虽然增加了容量，但在使用过程中需要手动翻面，极不方便；同时，由于双面都需要读取，光盘上就没有地方印刷光盘标记、说明等信息，所以双面的光盘使用较少。单面双层结构的 DVD－9 结构原理是将激光聚焦于不同的层来读取相应层所记录的信息，其中第一反射层是半透明的，既能够反射部分光线完成第一层信息的读取，还能够让部分光线透过，在聚焦于第二层时完成第二层信息的读取。

### (四) 蓝光光盘驱动器

蓝光光盘简称 BD，由于使用了波长更短的激光，所以记录密度更高，光盘的容量也就更大。蓝光光盘驱动器的激光波长为 405 nm，与之前光盘所使用的激光不同的是，这个波长光的颜色为蓝色，所以称为蓝光光盘。

蓝光光盘单面单层的存储容量达 25 GB，双层容量为 50 GB。由于使用波长更短的蓝色激光，聚集路径也更短，因此，可以在标准 1.2 mm 厚度的光盘中做出更多层数的光盘，从而得到更大的存储容量。

蓝光光盘最先用于高清数字视频节目的存储。由于高清数字电视的发展，对存储容量有了更高的要求，普通的 DVD 光盘已经不能满足需要，更大容量的光盘的推出也就成为必然。现在有专门用于高清数字视频的蓝光播放机，主要用于民用视频光盘的播放，也有用于计算机的蓝光光盘驱动器。

### (五) 刻录机及其工作原理

刻录机与 CD－ROM 主要的差异就在于可以往光盘中写入信息。不管是读取信息还是写入信息，都要将激光照射并聚焦到光盘的记录层，所以刻录机与用于读取的只读光驱在结构上是一样的。

要能够利用激光记录下信息，并能够像 CD－ROM 一样被读取，就需要将激光照射到光盘记录层时，能够改变物质的性状，使之对光线的反射特性发生改变。既能够写入，同时在读取信息时又不会被激光破坏，这就要求在往光盘写入信息时激光功率远远大于一般读取光盘信息时的功率。能够被写入信息的光盘叫刻录光盘，通常都是用具有光敏特性的有机染料做记录层，也就是在光盘的透明的塑料基片与反射层之间嵌入一层有机染料记录层，而光盘本身就是一种复合的结构。

刻录光盘中的有机染料在强烈激光的照射下，性状发生改变后使反射光线变得很弱，起到了类似 CD－ROM 中凹坑的效果；没有被强光照射的地方，有机染料保持原来的性状，也就保持着原来的对光线的反射特征，相当于岸台。现在，在刻录光盘中使用的有机染料有三类，分别是花青素染料、偶氮染料和酞菁染料。由于花青素染料显现出绿色，偶氮染料是蓝色，而酞菁却是闪着金属光泽的蓝紫色。使用不同的种类的染料生产的光盘也就有不同的颜色，所以就有了绿盘、蓝盘和金盘之分。三类染料的化学稳定性各不相同，但半衰期都足够长，实际上光盘寿命主要还是由光盘的生产工艺、光盘质量以及使用和保存环境决定的。

刻录光盘有两种，一种是只能一次性写入的，叫作 CD－R；另一种是可以擦除原来写入的信息，从而可以多次刻录，叫作 CD－RW。它们的记录材料都是应用了强光照射下物质的相变原理，只是后者可以在强光照射下再次改变。

DVD 刻录光盘与 CD 类似，分别有 DVD.R 和 DVD.RW。

## 三、SSD 固态存储器

传统硬盘是利用磁记录方式的机械硬盘，随着速度的提高，记录密度的增加，其固有的据点便暴露了出来。如机械硬盘特别怕振动，因功耗太高等原因速度也难以进一步提高，近年硬盘厂家甚至反其道而行之，专门生产一种称之为绿盘的硬盘，就是以降低盘片转速来减小功耗。而同时，存储芯片技术不断发展，其单片存储容量不断增大，生产成本也不断降低，为 SSD 的出现创造了条件。

### （一）固态存储技术

固态硬盘又叫电子硬盘，英文名为 Solid State Drive，简写为 SSD，直译过来就叫固态硬盘。SSD 的存储单元使用的是 NAND Flash 存储芯片，与普通的机械硬盘完全不同的是，虽然也是由控制单元和存储单元组成，在 SSD 中这两个部分都是由集成电路组成，没有用于存储机械结构。

SSD 固态硬盘现在使用的 NAND Flash 存储颗粒有单层式存储的 SLC 和多层式存储的 MLC 两种。SLC 的结构简单，存取速度较快，使用寿命也比较长。MLC 由于采用多层结构，相同的单元上可以获得更大的存储容量，所以单位容量的成本相对较低，但 MLC 存在有速度较慢、使用寿命短的缺点。总体来说，NAND Flash 芯片价格较高，所以其中相对低廉的 MLC 成为首选。在 SSD 硬盘中，通常会采用并行的工作方式对多个单元同时进行读写来提高了整体速度，同时通过提高技术、改进工艺等手段来进一步提高 MLC 存储芯片的寿命，同时采取特定的数据写入技术来克服 MLC 存储芯片所固有的缺陷。

### （二）SSD 硬盘及其特点

由于 SSD 硬盘不再有磁盘和与之相应的机械结构，理论上可以做成任意形状。实际上为了便于安装，通常 SSD 硬盘的外形和接口都做成与传统机械硬盘一样，一般有 2.5 英寸和 1.8 英寸两种，也有少量的是 3.5 英寸。

SSD 硬盘中有一些除保留与机械硬盘一样的接口外，就不再使用外壳进行封装，这样就可以有更小的体积，安装更加自由，特别适合在移动计算机使用。

与传统机械硬盘相比，SSD 硬盘最明显的优势就在于优异的读写性能，由于不再有寻道的动作引起延迟，特别是在大量小文件的读写时优势特别明显，缺点就在于价格高和容量小。但随着技术的发展，这些缺点也在不断改变且变得越来越不那么明显。SSD 其突出的优势着重体现在以下几点。

### 1. 读写速度快

SSD 硬盘使用 NAND Flash 芯片做存储介质，没有机械硬盘的磁头，寻道时间极短。机械硬盘经过不断发展，寻道时间已经减少到 8 ms 了，但 SSD 硬盘却低至 0.1 ms，这使得 SSD 硬盘的瞬时文件读取极其迅速，连续文件的读取也同样相当的快。特别是在大量小文件的读写中，表现特别优异。

### 2. 功耗低

SSD 硬盘与其使用的芯片有关，大部分都比机械硬盘要低，通常在 5 W 以下。现在优质的 SSD 硬盘节能性能非常突出，其读写功耗小于 2 W，休眠时功耗仅 0.6 W。

### 3. 无噪声

由于没有活动的机械部分，所以没有噪声产生。

### 4. 抗震动

机械硬盘的结构决定其害怕振动，特别在工作时更是如此。SSD 硬盘由存储芯片构成，没有活动部件，所以抗震抗摔。

### 5. 体积小

为了方便安装，大部分 SSD 硬盘都用一个外壳封装起来，做成 2.5 英寸或者 1.8 英寸的模样，如果去掉这个外壳，体积可以做得更小。

### (三) 混合硬盘

机械硬盘容量大、价格低，SSD 硬盘的速度快，把二者有机结合起来使之在性能上互补，这就是混合硬盘。混合硬盘能够在与机械硬盘相比价格上涨不多的情况下，获得大容量的同时还可以取得更高的存储性能。混合硬盘是利用 NAND Flash 作缓冲存储器来快速完成数据的读写，以减少对磁盘读写的方式来提高硬盘的整体性能。与普通机械硬盘相比，其缓存容量算是海量了。

# 第二节　硬盘存储技术

## 一、硬盘基本结构

硬盘是由用于存储信息的磁盘、读取磁盘信息的磁头组件以及相应的伺服电路和接口组成的。现代硬盘采用"温切斯特"技术，其特点是将磁盘及磁盘驱动马达、磁头组件密封在一个金属壳内，磁盘高速旋转，磁头悬浮于磁盘上方，通过磁头臂的摆动来移动磁头进行数据的读与写。

## （一）硬盘的内部构造

硬盘的盘片通常是使用热膨胀系统较小的硬质合金或者玻璃做片基，直接固定于磁盘驱动马达的主轴之上，表面有磁性涂层。磁头是用来读取信息的工具，早期是由电磁线圈构成的，既用于信息的读取，也用于信息的写入。现在读写已经分开，写部分仍然使用线圈，读取部分采用的是巨磁阻材料，称之为巨磁阻磁头（GMR），与电磁线圈相比，它具有极高的读取灵敏度。

磁头臂中间有一转轴。磁头置于磁头臂一边的顶端，在磁头臂的带动下可以沿磁盘径向移动。磁头臂另一边是靠电磁驱动的控制机构，其驱动部分是音圈电机，由线圈（音圈）和永久磁铁组成。之所以叫音圈是因为线圈非常轻巧，与电磁喇叭的音圈非常相似。在伺服电路的信号控制下，电流流过的音圈在磁场中移动，使磁头臂围绕转轴转动，由此带动处于另一边顶端的磁头沿盘片的径向移动。

## （二）硬盘的基本工作原理

硬盘开始工作时，首先驱动马达带动磁盘开始旋转，这时磁头还停放在专门的停泊区，在有的地方将之称为着陆区。当磁盘达到一定转速后，硬盘的腔内会形成一股高速旋转的气流，磁头臂在气流的作用下抬离磁盘表面，并与磁盘表面保持 0.1～0.5 um 的距离，就像是在空中高速飞行的飞机一样。这时，伺服机构开始产生驱动力，打开插销钩，控制磁头臂沿磁盘径向移动进行信息的读写。在整个工作过程中，磁盘悬浮于磁盘之上，并不与磁盘直接接触。

硬盘工作时磁头悬浮于磁盘上方，间距只有 0.1～0.5 um，甚至可能更小，这是因为间距越小，磁感觉强度越大。特别是随着硬盘容量的提升，磁盘密度增大，为保证在更小的体积下也能获得足够的磁感觉强度，硬盘现在的间距也做得越来越小。如此小的间距，轻微的振动都可能让磁头撞到磁盘表面，造成盘片表面划伤，甚至是磁头损坏。为了有效地保护硬盘，硬盘停止工作时，都是将磁头锁住并停放在专门的停泊区，工作时再从停泊区移出到达工作区。然而，硬盘工作时却无法进行这样的保护，因而，计算机在开机时应该尽量避免移动，更应避免摔打和撞击，要求安装在结构牢固的架子上，并辅助以橡胶垫进行减震，以防止震动对硬盘造成损坏。硬盘在非工作状态虽然具有一定保护能力，由于这种保护还是非常有限的，所以仍然要尽量避免振动和撞击。

硬盘除了害怕振动，也害怕灰尘。悬浮的磁头与磁盘间距非常小，与此相比灰尘的直径往往都大得多，人眼虽然看不见，但对硬盘这样的结构来说就是一座大山，落在盘片上的一颗小小的尘埃就会引起硬盘盘片的表面划伤，甚至磁头损坏，造成整个硬盘报废。硬盘生产是在无尘环境中进行的，我们使用的硬盘也都是密封的，只有一个过滤孔用于因温度等原因造成的内外压力平衡，同时，在硬盘内部还有一个过滤片，主要目的就是用来过滤硬盘内部的尘埃。如果硬盘需要开盖维修，一般只能返回生产厂家，用户自己往往没有无尘环境，因此是不能随意打开进行维修的。

早期的硬盘是通过执行一条命令把磁头移到停泊区来达到保护的目的，现在硬盘都采用自动控制方式来完成，相比要安全多了。硬盘在断电停机时，磁盘在惯性作用下，还将继续旋转一段时间，而此时磁头的伺服机构失去驱动力，在磁头组件中弹簧的弹力作用下，磁头臂被拉向一端，使磁头处于停泊区，同时一个锁钩牢牢地把磁头臂锁住，就算有较大的撞击也很难让磁头臂移动，这样可以有效地防止因振动对硬盘的破坏。当通电后锁钩会自动打开，磁头臂可以在伺服机构的作用下自由移动，硬盘就可以正常的读写了。这样的机构，就算是硬盘正在工作时遭遇突然断电，也可以使磁头迅速弹回停泊区并锁住，达到有效地保护硬盘的目的。

硬盘中的磁盘都是双面使用的，很多时候为获得更大的硬盘存储容量，还采用多片重叠起来，单片单面的也有，据说是因为在生产中其中某一面存在缺陷而采取的策略，但并没有肯定的说法。硬盘采用多片磁盘重叠安装，其总的存储容量就是单碟容量与片数的乘积。硬盘盘片的增加主要是增大存储容量，其数据读写速度并不会因此提高。因为增加盘片后是靠增加磁头来进行读写操作，而数量增多后的磁头并不是并发而是分时工作的，所以数据读写速度与单片几乎一样，要想提高数据读写速度得通过提高单片容量来解决。虽然安装多片磁盘可以显著增大硬盘的存储容量，但安装的数量还是有很多限制的。硬盘多片磁盘重叠安装后，除了会增加整个硬盘的厚度外，还会显著增加驱动功率，而在增加盘片的同时还需要相应增加磁头的数量，使磁头组件结构变得复杂。由于硬盘的盘片与磁头组件都是密封在金属罩内的，由此而引起的发热问题也是不可小视的。现在硬盘使用最多的是单碟、两碟，也有三碟装的。硬盘最多的有 5 碟装，但由于盘片的增加会引起硬盘重量和体积的增大，以及功耗增加，造成散热不良等问题出现，因此这类产品的数量并不多。

## 二、硬盘的组成

硬盘是由用于记录信息的磁盘、驱动磁盘旋转的主轴马达、进行读写的磁头组件以及伺服电路和数据接口组成的。

### （一）磁盘

磁盘是硬盘的主要构成部件之一。硬盘的数据就是记录于磁盘之上的，因此，磁盘性能的优劣对硬盘的存取速度和存储容量影响巨大。在硬盘的发展历史过程中，磁盘也经历了多次技术的革命。

#### 1. 磁盘的结构

磁盘的盘片是在圆形片基的超平滑表面上依次涂敷薄磁涂层、保护涂层和表面润滑剂等形成的，中心开一同心圆孔，用于安装在驱动马达主轴上。现在磁盘都是双面使用的，即在其两面都同时进行一样的电磁记录层的涂布。

#### 2. 磁盘的材料

最开始磁盘材料也像软盘一样，是用塑料做片基的，然后在表面涂布磁性涂层。塑料的硬度低，极容易变形，随着硬盘转动速度的增高，已经无法满足要求，随后被硬度更高的金属材料所取代。为了满足很高磁记录密度，必须保证片基有足够的硬度和较小的热膨胀系数，通常使用铝合金材料来做片基。为了能够适应更高的转速，获得更加突出的性能，现在已经开始使用硬度极高的玻璃来制作硬盘。

#### 3. 磁盘的尺寸

硬盘的尺寸也是用硬盘里面安装的磁盘直径来表示的。早期硬盘的磁盘直径有 8

英寸和 5 英寸的，现在已经被淘汰，基本上不见踪迹了。现在常见硬盘的磁盘直径有 3.5 英寸、2.5 英寸、1.8 英寸几种，其中 3.5 英寸的主要用于台式机，2.5 英寸和 1.8 英寸的用于笔记本电脑或者移动硬盘中。

### 4. 垂直记录技术

垂直记录技术是现在硬盘中普遍使用的磁记录技术。随着磁盘记录密度的不断增大，用于存储的磁材料颗粒越来越细。当磁性颗粒太小时，会发生"超顺磁效应"。什么又是"超顺磁效应"呢？通常在温度高于居里温度时，磁性材料将变成顺磁体，进一步提高温度，磁性材料的极性将会出现随意性，而这样的情况在磁性颗粒足够小的时候，常温下也可能会发生，这就是"超顺磁效应"。而过细的磁性颗粒会造成磁场强度的进一步减弱，"超顺磁效应"造成的不良影响也会进一步突出。已有的磁记录技术水平差不多已经到了极限，再通过开发不同的磁性材料、磁头技术来提升记录密度已经不再是经济、有效的途径了，一种与之不同的垂直记录技术便应运而生了。垂直记录技术独辟蹊径，就是把原来"首尾相连"水平排列的磁颗粒变成"肩并肩"垂直排列，这样改进的结果，可以使磁盘的磁记录层增厚，能够有效地抵御"超顺磁效应"带来的不良影响，同时还能够提高磁感应强度。使用垂直记录技术，可以在不明显改变硬盘结构及其特性的状况下，极大地提高盘片记录密度，显著增加磁盘单片的存储容量，从而增加硬盘的存储容量。

### （二）主轴马达

硬盘中磁盘的转动就是依靠主轴马达（电机）来驱动的。平常所说的硬盘的转速就是指主轴马达的转动速度，即马达在一分钟内转过的圈数，用 rpm 表示。硬盘转速越快，单位时间内扫过的面积也就越大，能够读写的数据也就越多，所以，硬盘转速在一定程度上决定着硬盘的工作速度，是决定硬盘性能的关键参数之一。

硬盘转速越快读写速度也就越快，同时功耗也就越大。应用于台式计算机的硬盘转速主要有 5400 rpm、7200 rpm。现在有一种特别的硬盘称之为绿色硬盘，其转速标称 6900 rpm，或者称为动态转速。它是通过一种智能化的措施，用不同转速去应对硬盘的读写、空闲及休眠状态，这是一种在速度与功耗间寻求平衡的技术，在对读写速度要求不太严格的地方，使用这种硬盘可以大大降低系统的功耗。更快转速的硬盘主要应用于服务器中，这类专业硬盘的转速有 10000 rpm 和 15000 rpm 两种，这类硬盘功耗都比较大，使用它的目的主要是追求更高的存储性能。

在马达一类设备中，为减少摩擦和振动，都普遍使用轴承。最初硬盘驱动马达使用的也都是滚珠轴承。从 21 世纪初开始，原来的滚珠轴承逐步被性能优异的液态轴承所取代，这也使硬盘的整体性能得到了一定的提升。液态轴承马达使用的是黏膜液油轴承，以油膜代替滚珠，可以避免金属面的直接摩擦，降低噪声，减少发热引起的温度升高，同时油膜可有效吸收震动，可显著增强硬盘的抗震能力，提高硬盘的工作寿命。

### （三）磁头

早期硬盘磁头都是使用读写合一电磁感应磁头，主要由磁铁和线圈组成。这类磁头的发展先后经历了亚铁盐类磁头、MIG 磁头和薄膜磁头等几个阶段，在发展过程中，原来的技术总是被更新的技术所取代，总体都向着记录密度越来越高的方向发展。随着记录密度的提高，记录信息的磁性颗粒越来越小，磁性颗粒越小，磁感性强度也越弱，太小的磁性颗粒将难在电磁线圈产生足够强度的电流，而这类磁头还需要兼顾读写性能，这就限制了硬盘记录密度的进一步提高。

20世纪80年代末，硬盘中开始使用磁阻磁头（MR）来读取记录的信息，写入信息仍然采用电磁线圈来完成。磁阻材料与电磁线圈不同，不是通过磁场感应产生电流，而是通过其在磁场中电阻值的变化来获取信息。与电磁线圈相比，磁阻磁头的灵敏度要高得多。使用磁阻磁头就可以进一步提高磁盘记录密度，把硬盘的存储容量提高数倍。这种读写分离的结构，还可以分别对读和写有针对性地进行优化，使磁头达到最佳的性能。

硬盘存储容量的又一次巨大的提升得益于巨磁阻磁头（GMR）的使用。巨磁阻磁头与磁阻磁头相比具有更高的灵敏度，可以极大地提高磁盘的存储密度。

（四）硬盘接口

硬盘的接口用于与主机通信，完成数据的交换与传送。数据传输速度是硬盘接口的主要指标之一。在几十年的发展过程中，硬盘的速度发生了翻天覆地的变化，为保证硬盘的性能得到有效发挥，硬盘接口也在不断推陈出新。如今硬盘的接口主要分为两大类，一类是ATA，通常称为IDE接口，主要用于个人计算机中；另一类是SCSI接口，全称为Small Computer System Interface（小型计算机接口），这种接口具有较少的CPU占用率，其性能明显优于IDE接口，但技术难度高，设备造价昂贵，所以基本上只应用在服务器等专业装备中。其中还有一种光纤硬盘，属于高端的专业设备，数量极少。

比SAS接口速度更快的是光纤通道FCAL接口速度。光纤通道接口的硬盘以及光纤连接设备价格都非常高，只在对性能要求特别高的服务器设备中才有使用。USB接口现在也有用于硬盘的，优点是USB接口自带电源，常常用于移动设备中。一些小型的存储设备可以直接从USB接口上取电，不用再配备电源，使用非常方便。

## 三、硬盘存储原理

硬盘的信息存储是通过磁头记录于磁盘表面，其记录过程就是磁头往磁盘"写"的过程，也就是利用磁头对磁盘表面磁性介质进行磁化，在磁盘表面留下磁信息。那么，硬盘又是按什么样的格式有效地控制信息的读和写的呢？

（一）硬盘存储结构

硬盘中的磁盘所记录信息的读与写和硬盘的存储结构密切相关。硬盘中磁盘常常有多片，每片磁盘有两个磁面，每个用于存储的磁面都对应有一个磁头。我们从0开始对磁头编号，分别是0磁头、1磁头……硬盘中总的磁头个数叫作磁头数（Heads），与硬盘中用于存储的磁盘面数相等，由于现在硬盘的磁盘大多数都是双面使用，所以磁头数往往都是磁盘片数的2倍。

当磁头停在一个位置进行读写时，在旋转的磁盘上划出一个圈，这就是磁道。在磁盘表面从外到里，即从外边缘到靠近转轴的内边缘，有相当数量用于存储的磁道，这引起磁道的总数叫作磁道数。磁道的编号也是从 0 开始的，叫作 0 磁道、1 磁道等。每根磁道又再分成若干小段，每一小段就叫一个扇区，每个磁道分段的多少就是扇区数，扇区的编号与磁头和磁道不同，是从 1 开始的。扇区是硬盘记录信息的最小物理单位，现阶段，一个扇区存储容量的大小固定为 512 B。由于磁头固定于磁头臂上，而多个磁头臂组合在一起形成磁头组件，当需要一个磁头移动到另一磁道时，总是所有的磁头同时移动，为提高硬盘读写效率，避免来回移动磁头，各磁面的相同磁道总是编排在一起同时读写，所有磁面的相同磁道就形成一个圆柱面，称之为柱面。很显然，使用柱面来表示比磁道能够更加清晰地描述硬盘的存储特性。

在磁盘上记录信息的磁道就是一个个的同心圆，记录密度越高，这些同心圆也就越密集，磁道数也越大，同时，记录密度越高每根磁道能够容纳的扇区也越多，往往扇区数也就越大，这样，其硬盘的存储容量也就越大。根据硬盘的磁头数、扇区数及柱面数可以计算出硬盘的总的存储容量。

　　　　硬盘容量计算公式：硬盘容量＝磁头数×柱面数×扇区数×512

通过柱面号、磁头号以及扇区号这三个参数值就可以确定数据的准确存储位置，这三个参数称之为 3D 参数。硬盘也正是利用这三个参数来确定读写地址的，这就是硬盘的寻址。直接使用柱面号、磁头号和扇区号来寻址的模式叫做 CHS 寻址，它是柱面、磁头、扇区三个参数的首字母的缩写。CHS 寻址模式只适应于 504 MB（硬盘生产厂标为 528 MB）以下的硬盘，504 MB 以上的硬盘使用一种叫作 LBA 的逻辑寻址模式，在该寻址模式中的柱面号、磁头号和扇区号并非真实的。

扇区是硬盘最小的存储物理单位，一个扇区的存储容量是很小的，如果直接以扇区为单位来对较大的文件进行存储，会增加文件存储管理的负担，明显降低系统工作效率。为了更加有效地进行管理，需使用多个扇区来组成一个最小的存储单位，这样一个存储单位叫作簇。簇的大小是可以选择的，可以由 2 个扇区、4 个扇区、8 个扇区甚至 16 个扇区组成一个簇，对应一个簇的大小就是 1 KB、2 KB、4 KB 和 8 KB，当然如果需要的话你也可以选择一个扇区为一簇。在对硬盘分区后进行高级格式化的时候，会有一个选项来让用户确定簇的大小，大部分时候我们并没有太在意它，一般是直接选择了系统默认的选项。通常情况下，默认的选项已经能够满足大多数状况下的应用需求，对于一些特殊的存储应用就应该在认真分析后对此进行选择。由于簇是逻辑上的最小存储单位，当文件存储申请空间时，系统每次都会分配一个簇，由于一个文件很少会刚好是一个簇的整倍数，因而每个文件使用的最后一个簇都不会占满，所以总会有一部分空间被浪费掉，簇越小的话浪费也就相对越小。大文件占用的簇非常多，虽然最后一个簇有所浪费，但整体上并不明显，然而，大量小文件的存储就不同了。一个小文件占用簇很少，每个文件最后一个簇都被浪费的话，大量的小文件综合起来就相当可观了，所以，如果用户经常存储的是大文件，簇就应该适当选择大一些，这样可以减少系统的读写次数，提高存储系统工作效率，增加计算机运行速度；如果存储的是大量的小文件，簇就应该适当选择小一些，避免浪费大量的存储空间。

## （二）硬盘寻址模式

硬盘的寻址最开始和软盘是一样的，直接使用磁头号、磁道号和扇区号进行寻址，随着硬盘的存储密度的提高和存储容量的增加，直接寻址已经不能满足要求，硬盘普遍开始采用逻辑寻址方式，通过地址转换来达到对更大空间的寻址能力。

CHS 寻址模式：在计算机上常写为普通（NORMAL）模式，是最早的 IDE 硬盘寻址方式。在该模式下对硬盘访问时，是通过柱面号、磁头号和扇区号直接进行寻址的，BIOS 和 IDE 控制器对参数不做任何转换，用于寻址的三个参数称为 3D 参数。该模式兼顾了 IDE/ATA 和 BIOS Int13H 两个标准，采用的是 24 bit 地址寻址，支持的最大柱面数为 1024，最大磁头数为 16，最大扇区数为 63。由于每扇区字节数固定为 512 B，因此支持最大硬盘容量为：

$$512 \times 63 \times 16 \times 1024 = 528\ 482304 MB$$

B=504 MB，硬盘生产商通常是以 1000 为进制来进行计算的，其结果就是 528 MB。

LBA 寻址模式：（Logical Block Addressing）逻辑块寻址模式。LBA 模式是采用 28Bit 的地址来定义扇区，是以扇区为单位的一种线性寻址模式。使用新的 LAB 寻址模式，一个原因是 CHS 寻址无法适应已经出现的超过 504MB 容量的硬盘的需求，另一个原因则来自硬盘技术发展的需求。随着硬盘存储密度的增加，再使用与软盘一样的所有磁道扇区数完全相同的方式会造成磁盘存储空间的极大浪费。这是因为，硬盘中所有磁道扇区数一样的话，由于内圈磁道周长最短，存储密度也就最高，为了保证存储的可靠性这个密度就不能够超过磁盘的最大存储密度，所以就不得不以内圈的扇区数为标准。而采用相同扇区数的外圈磁道其存储密度又远小于最大存储密度。为克服这样的弊端，生产厂商采用等密度方式来生产硬盘，就是在保证相同记录密度下分别设定各磁道的扇区数，即内圈扇区数少，越靠外圈的磁道其扇区数越多，这样就既保证了存储的可靠性，又使磁盘的各磁道得到了充分的利用，极大地提高了硬盘的存储效率。在等密度存储方式下，就无法再使用 3D 参数进行直接寻址了。在 LAB 模式中只需要知道扇区数就行了，系统会自动转换成相应的物理地址完成硬盘的寻址，有时仍然可能会写出柱面数、磁头数和扇区数，但已经没有太大的实际意义了，它只是用于计算的逻辑地址，并不是硬盘真实的物理地址，只是为了保持与 CHS 模式相容而使用的一种表示方法。由于 LBA 寻址模式是 28bit 寻址，最大寻址能力为 228，即可管理的最大扇区数为 268435456，相对应的最大硬盘容量为 137438953472B=128 GB，如按硬盘厂商 1000 进制的计算方式就是 137 GB。这里还有个前提条件，BIOS 必须支持扩展 Int 13H，否则受到 Int 13H 最大柱面数 1024 的限制，LBA 能够管理的最大硬盘容量将不能超过 8 GB。

48Bit LBA 寻址模式：48Bit LBA 寻址模式就是将 LBA 寻址能力由原来的 28 位提高到 48 位，就突破了 LBA 的最大容量 128 GB 的限制，可以管理的硬盘最大容量将达到 144 PB（144000 GB）。现在的主板和最新的操作系统都支持 48Bit LBA 寻址模式，128 GB（硬盘厂商标为 137 GB）以上的硬盘可以正常使用，但也要注意，这并不表示只要不大于 144 PB 的硬盘就可以随便使用，因为现今的硬盘分区普遍使用是 MBR 分区模式，能够管理的最大硬盘容量为 2TB。在 Windows 系统中，要想能够使用更大容量的硬盘，可以使用 GPT 分区，但在 32 位的操作系统中由于受到地址位数的限制其功能还是会受到影响，要能够很好地使用 2 TB 以上的硬盘最好是应用 64 位的操作系统。

## 四、硬盘 MBR 分区的数据结构

一个全新的硬盘是不能直接使用的，生产厂商先要对硬盘进行初始化工作，在完成相应处理后才能够交到用户手中。要能够正常使用已经连接在计算机中的硬盘，系统在启动时必须首先从硬盘上读取到工厂预先设置的有关磁头、柱面、扇区以及磁盘表面性质等一系列参数。早期的硬盘是把硬盘参数信息记录在硬盘控制电路板上一个存储芯片中，类似电脑主板的 BIOS 系统，由于这些信息是与硬件紧密相连的，所以称之为固件。现在都是在硬盘的磁盘上划出一个专门的区域，把包含相应的参数信息的固件写入其中，这个区域叫做固件区，这样做便于批量生产和以后的升级。固件区位于硬盘的 0 磁头 0 柱面 1 扇区之前并与之相邻，靠 3D 参数寻址是不能够访问到的。

一个硬盘到了用户手里，还需要对它进行分区、高级格式化，如果是用来做系统启动盘，就还需要安装操作系统。在完成了这一系列的操作后，硬盘上就按一定的标准建立了数据结构。硬盘早期的分区结构是 MBR 格式，叫作主启动记录分区格式，今天使用仍然非常广泛。这种模式所建立的数据结构一共包括主引导记录、操作系统引导记录、文件分配表、目录区和数据区五个部分。

MBR 格式最大只能支持 2 TB 硬盘，如果需要使用大于 2 TB 的硬盘，就不得不应用 GPT 格式分区。GPT 格式与 MBR 格式的硬盘数据结构完全不同，理论上所支持的硬盘容量上限为 18 EB。

### (一) 固件区

固件区位于硬盘的 0 磁头 0 柱面 1 扇区之前，不管是 MBR 分区格式，还是 GPT 分区格式都不包括固件区，也就是说固件区并不是硬盘分区格式的内容。固件是由硬盘生产商在硬盘生产时生成并管理的，原则上是不允许用户操作的。固件区包括硬盘引导程序，硬盘有关参数记录等重要信息，还有用于描述磁盘表面存储有缺陷的扇区的工厂缺陷表 P−LIST 和用户缺陷表 G−LIST 等。

固件区发生错误后，硬盘就无法再使用了，通常只有返回厂家进行维修。由于某些硬盘本身的固件存在一些 BUG，厂家也向用户提供了一些硬盘的固件升级程序，用户可以对硬盘固件区进行一些比较有限的操作。

### (二) 主引导记录 (MBR)

主引导记录，用首字母缩写 MBR 来表示。主引导记录 MBR 位于整个硬盘用户存储区域的起始位置，地址是 0 磁道 0 柱面 1 扇区，因而也称为首地址。主引导记录位于硬盘的第一个扇区，在大小为 512 B 的里空间，包含了主引导记录 MBR 和硬盘分区表 (DPT) 两个部分。

由于 MBR 中的 DPT 只有 64 个字节，且每个分区需要 16 字节，因此最多只能划分 4 个主分区。要想得到超过 4 个的分区，就需要使用扩展分区。MBR 使用 OC−OFH 这 4 个字节记录总扇区数，因此 MBR 能使用的最大磁盘空间为：2A32 个扇区，按每扇区 512 字节计算，即最多 2 TB。

主引导记录 MBR 中包含了硬盘的一些参数以及一段引导程序。系统在读入硬盘参数后执行引导程序，首先是检查分区表是否正确，然后在系统硬件完成自检以后引导具有活动分区标志的分区上的操作系统，读取操作系统引导记录，并将控制权交给操作系统启动程序。MBR 本身并不依赖任何操作系统，是由分区命令所产生的。

有时主引导记录损坏或者丢失，还可以使用命令来重新生成。生成新的 MBR 后，并不影响硬盘的使用，原来的数据也不受到任何影响而发生变化。如果是分区表已经损坏，硬盘就不能正常使用了，可以使用一些工具软件试着恢复分区表，但这种修复也有失败的可能，是否能够成功与损坏的具体情况有关。如果是硬盘 MBR 所在的 0 磁道 0 柱面 1 扇区物理损坏，其后果就严重了，往往意味着硬盘已经报废。虽然也有某些软件可以应用特殊的方法来修复，但实际上并不太可靠，因为 0 磁道。柱面 1 扇区的损坏，往往与之紧邻的存储着硬盘重要参数的固件区极有可能也已经被损坏。

## （三）操作系统引导记录（DBR）

操作系统引导记录是操作系统能够直接访问的第一个扇区，通常紧跟 MBR 之后位于硬盘的 0 磁道 1 柱面 1 扇区。操作系统引导记录包括一个系统引导程序和一个本分区参数记录表。

当主引导记录 MBR 完成引导后，会把控制权交给操作系统引导记录 DBR。DBR 的引导程序会在本分区的根目录中去搜寻操作系统的引导文件，在将操作系统引导文件读入内存后将控制权交给该文件，系统其后就在该文件的控制下完成操作系统的引导、启动，如果启动过程一切顺利，就可以正常地使用电脑来完成工作了。

## （四）文件分配表（FAT）

文件分配表又叫作链表区。硬盘存储的基本单位是簇，一个文件往往占用多个簇，同一个文件的数据在硬盘上并不是一定存放在一片连续的区域里，而是把一个文件按簇的大小分成很多段，分别存放在各个簇里。

文件分配表 FAT 是硬盘的簇对应存储表，每个表项代表硬盘的一个簇，一一对应。最初文件分配表中所有的表项都写上"未使用"标记。当一个文件保存时占用了多个簇，在目录区中该文件的目录记录了首个簇号，与这个簇号对应的 FAT 中的表项就填写上文件保存的下一个簇的簇号，下一个簇号对应的 FAT 的表项中又填写上再一下个簇的簇号，依此类推，最后一个簇号对应的 FAT 表项里填写的是结束标记。这样一个又一个地相接，形成一个链，这就是文件的链式存储，所以文件分配表也叫作链表。从链式文件存储原理可以知道，链表的损坏意味着文件的丢失，为保证文件的安全，系统的文件分配表 FAT 还有一个副本，两个 FAT 表的位置是紧挨在一起的。

文件分配表 FAT 的各表项都填写"未使用"标记，表示硬盘的相应的各簇都是空白的。如果硬盘的某簇损坏，就在与该簇对应的那个 FAT 表项中填写上"坏簇"标记，系统就不会再对那个簇进行读写操作。系统保存文件时，就先在 FAT 表项中找寻"未使用"标记并得到相应簇号，然后按链式存储进行填写，并把文件数据写入相应的簇中。

## （五）目录区（DIR）

在 FAT 表的后面，紧接的是根目录区 DIR。在目录区 DIR 中，每一个文件形成一条记录，其内容包括文件名、文件属性以及文件存放的起始簇号等。

目录区的结构在对硬盘高级格式化过程中形成，其目录记录项的数量是固定的，系统对文件的管理就是通过对目录项的管理来进行的。写入文件时是在一个空白的记录项中填写入相应的文件名、文件属性、记录起始簇号等信息，从而生成一个目录项。读取文件时，从目录区中的该目录记录项中获取的文件名、文件属性以及第一个簇的编号等信息，再配合文件分配表取得该文件的数据。删除文件时就只是在该文件的记录项开头改写成删除标记，长度为 2 字节，表示该记录项是一个空白记录项。

### （六）数据区（DATA）

数据区是所有 5 个区中最大的一块，占了硬盘的绝大部分空间，也是数据真正存放的地方，其他区域都是为了文件在这个区域存储的管理才存在的。

## 五、硬盘 GPT 分区的数据结构

GPT 是 Globally Unique Identifier Partition Table Format 的简称，中文意思为全局唯一标识磁盘分区表格式，也称之为 GUID 分区表格式。与 MBR 分区格式相比较，GPT 分区格式有如下突出的特点：

①支持更大容量的硬盘。理论上，GPT 分区格式支持的最大卷可达 2 的 64 次方个逻辑块，如果按现在通常的每扇分 512Bytes 来计算，其对应的最大容量约为 18 EB。

②GPT 磁盘最多可划分 128 个分区，它们是 1 个系统保留分区和 127 个用户定义分区。

③支持唯一的磁盘标识符和分区标识符，因此也叫作 GUID 分区格式。

④GPT 分区格式可通过建立备份分区表作为冗余，提高分区数据的完整性和安全性。

虽然 GPT 分区格式是与 MBR 完全不同的结构，但为了防止不兼容 GPT 的磁盘系统将 GPT 误认为未分区而造成数据破坏，在 GPT 分区格式中的第一个部分仍然是一个 MBR 分区，不同系统中略有不同，大小不超过 200 MB，称之为 MBR 保护分区，在其后才是 GPT 分区头。

## 六、硬盘的防震和数据保护技术

硬盘作为数据存储设备，有着极其重要的地位。硬盘损坏造成数据的丢失，是相当严重的事故。有效地保护硬盘免遭损坏，是非常重要的，同时，在硬盘出现严重故障之前提出预警也是非常必要的。

硬盘的机械结构决定了其抗震性，防震技术的使用对提高硬盘的可靠性以及使用寿命有很大的帮助。而 S. M. A. R. T 技术可以通过廉价的方式来监控硬盘的运行状态，并对可能出现的问题提前做出预警。

### （一）硬盘防震技术

硬盘主轴电机中黏膜液油轴承的使用，极大地提高了硬盘的防震能力。同时，各大硬盘生产厂商也使用了相应的技术来进一步提高硬盘的抗震能力。如昆腾的 SPS 技术，迈拓的 ShockBlock 技术，是通过分散冲击能量，尽量防止磁盘与盘片的碰撞；而希捷的 SeaShield 技术则是采用减震材料制作保护罩，并在磁头臂增加防震措施来提高防震的能力。

而另一种硬盘防震技术则不是对硬盘进行改进，而是通过计算机系统运行中对硬盘进行保护，这种技术现今广泛应用于笔记本电脑中。笔记本电脑是经常移动的，而硬盘在工作时才需要进行保护，基于这两点，完全可以使用软件来对硬盘管理，在有状况发生时让硬盘关闭，从而达到保护硬盘的目的。最典型的是由 IBM 开发的 APS 动态硬盘保护系统，由于 IBM PC 部已经被联想收购，现在这一技术被广泛应用在联想的 ThinkPad 商务笔记本上。它在笔记本中内置了称为运动检测器的"ADI"探测微芯片，主要用来对笔记本在位置和方向上的变化进行监控，一旦笔记本出现震动或掉落，运动检测器就会感知这些变化，通过系统内已经安装的 APS 软件，分析从运动检测器传送过来的信号。如果发现可能造成硬盘伤害的，软件系统会向硬盘发出一条停止运行的指令，从而达到保护硬盘的作用。

## （二）S. M. A. R. T 技术

S. M. A. R. T 技术最初由 Compaq 公司开发，后经几大硬盘生产公司共同修订，现在已经成为硬盘生产厂商共同遵守的标准。S. M. A. R. T 的全称为"Self−Monitoring Analysis and Reporting Technology"，中文意思为"自我监测、分析及报告技术"。支持 S. M. A. R. T 技术的硬盘，在工作的时候监测系统对电机、电路、磁盘、磁头的状态进行分析，具体就是通过侦测硬盘各属性，如数据吞吐性能、马达启动时间、寻道错误率等属性值和标准值进行比较分析，推断硬盘的故障情况，把结果记录于硬盘中，为用户提供一份硬盘健康状况报告。当系统根据分析结果发现硬盘的健康状况已经恶化，就发出警告提醒用户。

# 七、硬盘主要技术参数

人们可以用若干技术参数来描述硬盘的各项性能。

## （一）硬盘容量

硬盘内部往往是由多片磁片组成，硬盘的容量＝单碟容量×碟片数，现今流行的硬盘容量为数百 GB 到数 TB。要注意的是，厂商所标称的容量是以 1000 为进制的，所得结果往往比我们使用中看到的要大得多，比如容量 1 TB 的硬盘我们在系统中通常看到的是 931 GB。

## （二）硬盘转速

硬盘的转速就是硬盘主轴电机的转速，也就是磁盘片转动的速度。硬盘转速越快，单位时间内磁头扫过的距离就越长，所读取的信息就越多，硬盘的速度也就快，但同时发热也更加严重。笔记本硬盘转速一般为 5400 转/分钟，也有少量为 7200 转/分钟，台式机硬盘一般都为 7200 转/分钟，服务器硬盘有 10 000 转/分钟和 15000 转/分钟的。

## （三）单碟容量

单碟容量指硬盘中一张磁盘片的容量。单碟容量越大，单位时间内磁头读取的信息就越多，意味着硬盘的速度就越快。同时，同样容量的硬盘，其单碟容量越大，也说明碟片数越少，硬盘耗能就越小，其发热量也就少。

## （四）缓存大小

硬盘的缓存容量与速度直接关系到硬盘的传输速度，缓存的容量越大，硬盘的读取速度就越快。缓存大小对硬盘突发数据处理能力非常有效。缓存越大的硬盘性能也就越佳，同时价格也就更高。

## （五）平均寻道时间

平均寻道时间指磁头从得到指令到寻找到数据所在磁道的时间。它描述硬盘读取数据的能力，以毫秒（ms）为单位。这个时间越小，则表示硬盘的速度越快，性能越好。

## （六）内部数据传输速度

内部数据传输速度也被称作硬盘的持续传输速度，是指硬盘磁头到缓存之间的数据传输速度，是影响硬盘性能的重要因素。

内部数据传输速度通常取决于硬盘的盘片转速和盘片数据线密度。硬盘盘片的转速越高，单位时间磁盘扫过的距离也就越长，也就可以读写更多的数据，因此，硬盘转速越快内部传输速度也就越高。当盘片数据线密度越高，磁头扫过同样的距离所读写的数据也就越多。单片容量越大，盘片的数据线密度也就越高，所以，单片容量越大的硬盘内部传输速度也就越快。

## （七）外部数据传输速度

外部数据传输速度有时也叫作突发数据传输速度，它是指通过接口从硬盘的缓存中将数据读到计算机中的速度，SATA3 接口的硬盘数据传输速度可达 6 GB/s。实际使用中因受到内部数据传输速度的影响，外部持续数据传输比突发数据传输速度要小许多。

## （八）接口

不同的接口为了满足不同的需求，不同的硬盘接口其性能差异也非常的大。早期的普通硬盘接口是 IDE 接口，服务器上专业硬盘的接口是 SCSI 接口。现在普通硬盘的接口都是 SATA 接口，与此相对应的专业硬盘则是 SAS 接口，更高端的硬盘使用的是光纤（FC）接口。

# 第三节　存储虚拟化与云存储

## 一、存储虚拟化

### （一）存储虚拟化的概念

存储的虚拟化就是将真实的物理存储设备用管理软件集中统一的管理起来，呈现在用户面前的是一个逻辑的存储设备，所有对存储设备的操作都是同管理系统所分配的逻辑卷打交道，具体的数据读写由管理软件负责，用户并不知道也无须知道数据的存取到底在物理存储设备的哪个地方发生。

存储虚拟化就是将众多的存储资源集中到一个大的"存储池"中，这些存储资源可以是来自于不同厂商的、不同型号、使用不同的通信技术甚至是不同类型的存储设备，由虚拟化管理软件进行统一管理，将"存储池"的存储资源根据用户的需求从中进行分配，更先进的管理方式能够做到根据用户使用的状况实时进行资源大小的动态调整，使用"智能感知"的技术手段对存储资源进行合理调度。在虚拟存储环境下，无论后端物理存储是什么设备，服务器及其应用系统看到的都是其物理设备的逻辑映像，即使物理存储发生变化，逻辑映像也不会因此发生改变，所以系统管理员就不必再关心后端物理存储，只需专注于存储空间的管理就行了，所有存储管理的操作就变得更加容易，存储管理因此变得轻松简单。存储虚拟化所虚拟的对象都是一些物理存储资源，如磁盘、磁带、文件、文件系统以及数据块等。

## （二）存储虚拟化的实施方式

存储虚拟化实现的方式有三种，分别是基于主机的存储虚拟化、基于存储设备的存储虚拟化和基于存储网络的存储虚拟化。

### 1. 基于主机的存储虚拟化

基于主机的存储虚拟化技术就是由特定的管理软件在服务器主机上来完成存储虚拟化，虚拟化软件可以安装在一台或者多台主机之上，经过虚拟化的存储空间可以跨越多个同构或异构的存储设备，通常称之为逻辑卷的管理方式。

逻辑卷管理软件把存储池中的磁盘阵列等存储设备映射成一个虚拟的逻辑块空间，从主机上看不到具体的磁盘阵列等物理存储设备，看到的就是这个虚拟逻辑卷。

逻辑卷管理只需要软件就可以实现，不需要购买专门的硬件设备。因为不需要添置任何附加硬件，基于主机的存储虚拟化方法最容易实现，其系统的构建成本也是最低的。企业既可以享受存储虚拟化技术所带来的益处，如提高应用的灵活性、扩大存储空间等，同时又不需要大的投入，性价比高，故这种基于主机的存储虚拟化还是比较受欢迎的。

在基于主机的存储虚拟化架构中，每个使用逻辑卷的主机上都需要运行逻辑卷管理软件，这就会占用主机的处理时间，消耗主机的系统资源，影响主机的服务性能，同时，主机的服务功能也会消耗主机相当一部分的系统资源，反过来也会影响虚拟存储的性能。基于主机的方法也有可能影响到系统的稳定性和安全性，如果运行管理软件的主机出现故障，会对整个系统造成严重的影响；因为管理软件在主机一端，存储设备是完全开放的，访问权限由主机管理软件来进行控制，这就有可能导致不经意间越权访问到应该受到保护的数据。

### 2. 基于存储设备的存储虚拟化

基于存储设备的虚拟化就是在存储设备上实施虚拟化，即将虚拟化的工作由存储设备的控制器来完成。控制器是存储设备用于存储管理的硬件设备，可以在控制器中加入存储虚拟化的功能并把其变成一台具备虚拟化能力的存储设备。以使用广泛的磁盘阵列为例，将虚拟化程度写入磁盘阵列的固件中，就能达到将磁盘阵列虚拟化的目的。就存储虚拟化的特点来看，RAID 应该算是最基本的基于存储设备的存储虚拟化技术了。

　　由于基于存储设备的虚拟化的实现方法是直接面对具体的物理存储设备的，性能上可以达到最佳，又因为虚拟化功能已被集成到存储设备内部，管理对用户是透明的而且简单方便，但现在这种虚拟化技术还没有统一标准，不同厂商的产品间很难实现存储的级联，所以基于存储设备的虚拟化其可扩展性相对较差。

　　由于虚拟化的过程运行于存储设备上，基于存储设备的存储虚拟化就不会影响到主机的性能，其存储虚拟系统本身的性能也能够得到有效的保障，同时，由于虚拟层在存储设备上，存储的虚拟化依赖于存储设备以及设备商所具有的私有协议，通常只适合应用于同一厂家的存储产品中，不同厂家的产品很难做到兼容。

　　3．基于网络的存储虚拟化

　　基于网络的存储虚拟化，即在存储网络上通过网络设备由网络本身来实现虚拟化。根据存储虚拟化的机制的不同，基于网络的存储虚拟化又分为带内虚拟化和带外虚拟化两种基本类型。

　　带内虚拟化也称为对称虚拟化，是指虚拟化在主机和存储设备之间交换数据的通道上实施，也就是在主机到存储设备的数据传输路径的某个层面上实现存储虚拟化。在实际的架构上，带内虚拟化会在主机与存储设备之间的网络上布置一台专门的虚拟化设备，所有的存储请求和存储数据流都要经过这台虚拟化设备。虚拟化设备收到主机的存取命令后，就从相应的映射表中找到与之对应的实际物理存储设备，并从该存储设备中读取或写入数据，并将结果传回主机。

　　带内虚拟化使用专门的虚拟化硬件设备来进行虚拟化工作，管理工作也就集中到了这样的虚拟化设备上，整体性能容易得到保障，由于控制和存储数据都要经过虚拟化设备，存储设备的安全性也能够得到有效的保障。带内虚拟化由于存在着控制数据与存储数据共用一个通道的问题，会影响存储数据传输的带宽，两种数据都要通过虚拟化设备，很容易在该设备上形成瓶颈，许多厂家的产品都通过增大缓存来改善这方面的性能。

　　带外虚拟化又叫作非对称虚拟化，也使用专门的虚拟化设备来实现，但这个虚拟化设备位于主机与存储设备的数据通道之外，也就是实现虚拟功能的部分并不在主机到存储设备的访问路径之上，带外虚拟化的控制数据可以使用专用通道。

　　带外虚拟化的结构中，存储控制的数据和存储的数据流各自走不同的通道，存储的虚拟化工作不占用存储主数据通道，也就不会影响主数据通道的数据传输，保证整个虚拟存储的性能。带外虚拟化也存在一些缺点，如设备兼容性不佳，管理工作比较复杂，安全性也不如带内虚拟化结构。

　　现在还出现一种分离路径虚拟化结构，这实际是一种带内和带外结构的结合体。

　　只有在网络存储中采用了存储虚拟化的技术，才能真正做到屏蔽具体存储设备的物理细节，为用户提供统一集中的存储管理。所以，很多专业人士都认为基于网络的存储虚拟化才是真正的存储虚拟化。

## （三）网络存储虚拟化的实施层面

　　存储区域网络 SAN 是当前网络存储的主流技术，可以从主机到存储设备之间路径上的各个不同位置及层面上实现虚拟化存储，因而网络的存储虚拟化就存在基于交换机的虚拟化、基于路由器的虚拟化、基于存储服务器端的虚拟化等形式。

基于交换机的存储虚拟化就是将虚拟化模块层嵌入到交换机的固件中，让交换机来完成存储的虚拟化工作。由虚拟化模块运行于交换机上，而不需要在主机或服务器上安装运行虚拟化软件，不会对主机或服务器造成性能上的影响。由专门的硬盘设备来进行虚拟化工作，性能容易得到保障。在这样的环境中，由于在交换机中既有交换功能也有虚拟化功能，交换机很容易成为整个系统的瓶颈，从而造成系统性能的下降。

基于路由器的存储虚拟化是将虚拟化模块集成到路由器中，使存储网络的路由器既具有交换功能，同时具有路由器的协议转换功能，还具有存储的虚拟化功能。由于路由器所具有的协议转换功能，可以将存储虚拟化由一般局域网的范围扩展到了更大的广域网范围。基于路由器的存储虚拟化不足之处与基于交换机的一样，路由器存在瓶颈问题。

基于存储服务器的虚拟化是在网络上设置一台专用的存储虚拟化管理服务器，通常的做法是在一台通用服务器上运行专门的虚拟化软件。

## 二、虚拟内存

人们对虚拟内存的认识相对于其他存储虚拟化技术要熟悉得多，这源于应用广泛的 Windows 操作系统。虚拟内存技术在我们熟悉的 Windows 操作系统中起到了非常重要的作用，大多数人也是从这个地方认识了虚拟内存。

在计算机中，存储器分成了三个层次，即高速缓冲存储器、主存和辅存，形成了计算机的三级存储体制。高速缓冲存储器（即 Cache）与主存一道组成了计算机的内存储器，简称内存，主存与辅存在相关软硬件的支持与管理下形成了虚拟存储器，简称虚拟内存。高速缓冲存储器 Cache 与虚拟内存有着非常相似的访问机制。

### （一）高速缓冲存储器 Cache

高速缓冲存储器是物理内存，通常使用的是高速的静态存储器 SRAM。虽然高速缓冲存储器与虚拟内存的物理实体是完全不一样的，但它们不仅使用的是相似的存储扩展技术，而且其目的都是在保证低成本的条件下得到足够大存储容量并且满足系统存取速度的内存储器。

计算机内存主要使用的是 DRAM，即动态存储器。这种存储器需要按一定的周期不断地进行刷新，以保证存储的信息不会丢失，"动态"即得名于此。之所以计算机普遍使用 DRAM 来做内存，是因为 DRAM 可以在得到很大存储容量的同时生产成本又较低，但也正是因为需要插入刷新周期，其读写速度比较慢。与此相对应的是 SRAM，称为静态存储器。SRAM 的读写速度非常快，但存储容量小而且价格还相当昂贵。

随着计算机技术的发展，CPU 的速度越来越快，DRAM 明显跟不上 CPU 的工作速度，这时就不得不让 CPU 时不时停下来等待内存。根据程序局部性的原理，程序在一定时间内只访问很小的存储地址空间。通过在 CPU 与常规内存之间加入容量很小的高速 SRAM，即高速缓冲存储器，让 CPU 对存储的访问绝大多数时候只是针对 SRAM，尽量避免对低速内存的访问，可以极大地提高计算机的工作效率。与低速的内存相比，仅仅增加了很小容量的 SRAM，所以总体成本并不会增加太大。这样的结果，使得计算机的内存看起来不仅容量大，而且计算机的运行速度还很快。现在，高速缓冲存储器在存储领域的应用相当广泛，可以显著地提高存储设备对突发数据的处理能力，提升设备的性能。

## （二）虚拟内存的概念

虚拟内存是为了弥补实际物理内存的不足，可以为系统提供远大于物理内存容量的一个虚拟的内存储器。虚拟内存需要硬件的支持，并在软件的管理下工作，是由主存储器和辅助存储共同组成的，这个辅助存储器通常是系统中联机的硬盘。

虚拟内存即是将主存储器和辅助存储器按特定的地址原则统一进行编址，这时，内存即由主存和辅存中的一部分共同组成，从而就形成了一个比实际物理内存要大的存储空间，以此来解决本身物理内存空间不足的问题。

由于辅助通常就是常见的硬盘，数据读写速度比使用 DRAM 的主存要慢得多，当程序访问辅存部分的时候，系统性能会变得非常差。不过，由虚拟内存的工作机制决定，在系统占用内存比物理内存少的时候，几乎不会去读写辅存，所以性能不会有什么影响，只有占用内存超过物理内存时，才会出现性能下降的现象，但是，与内存占用一旦超过物理内存就不能运行的情况比起来，使用虚拟内存属于革命性的进步了。

## （三）虚拟内存的工作原理

要在计算机中运行的程序首先都是存储在磁盘上，程序的地址叫虚地址或者逻辑地址，计算机物理内存的地址叫实地址。在计算机系统中，CPU 是以虚地址来访问内存的。计算机系统由硬件和软件一起来完成虚地址与实地址的转换，达到访问内存的目的。

当用户运行一个程序的时候，操作系统会将需要的内容调入系统主存中，供 CPU 访问。CPU 在以虚地址访问内存时，系统进行虚地址与实地址的转换，并判断所要访问的存储单元是否位于物理存储器的主存内，如果没有，则再检查主存有没有空闲区域，如果也没有，就把主存中暂时不用的内容送入辅存中，从而腾出空间，这时就将位于辅存内所需要的内容，以页或者段的方式调入主存；CPU 所要访问的存储单元已经位于主存了，就按照虚地址与实地址的对应关系进行地址转换，再根据实地址访问所需的信息。

虚拟内存调度方式有三种类型，分别为页式、段式和二者结合的段页式。页式调度是将存储空间按固定大小来划分的，优点是控制简单，地址转换速度快；缺点是存储空间利用率不高，这是因为程序的大小不会占用一个页面，总会有部分空间的浪费；段式调度是按程序结构来划分存储空间，段的大小不是固定的，段式调度的优点是存储空间利用率高，缺点是操作复杂；段页式结合了二者的优点，也存在软硬件都比较复杂的缺点，主要在大型计算机系统中应用较多。

## （四）虚拟内存的设置

现在以 Windows 系统为例来看看虚拟内存是如何设置的。Windows 系统使用内存虚拟技术，比较圆满地解决了物理内存不足所引起的问题。在 Windows 中，虚拟内存其实是一个容量很大的文件，称之为页面文件。页面文件具有系统和隐藏属性，正常情况是看不见的，只有在"文件夹选项"对话框中将"隐藏受保护的操作系统文件"和"不显示隐藏的文件和文件夹"这两项的勾去掉后才能看见。

在 Windows 桌面上的"我的电脑"单击鼠标右键，在菜单中点击"属性"，在高级选项卡中的性能一栏里点击设置，再在"性能选项"中选择"高级"选项，就会在下面出现虚拟内存一栏。鼠标单击"更改"按钮，随后就会打开"虚拟内存"设置对话框。Windows 虚拟内存的页面文件可以放置于系统中的联机的任何一个硬盘驱动器上，如下图 3-1 中的 C 盘、D 盘、E 盘和 F 盘。这个虚拟内存的大小可以自定义，并且是动态变化的，需要设置初始大小和最大值；也可以选择不用人工分配，由操作系统自动来管理；当然，还可以设置为无页面文件，这样系统就没有虚拟内存了，系统的运行可能会因此受到影响，所以，通常不要这样设置。

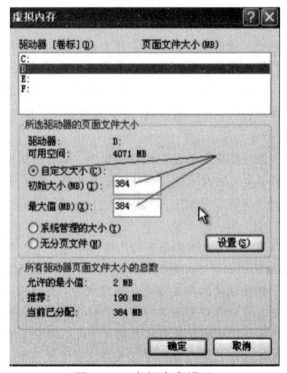

图 3-1  虚拟内存设置

## （五）虚拟内存及其高速缓冲存储器的特点

高速缓冲存储器 Cache 和虚拟内存都是一种内存扩展技术，两者有一个最根本的共同点是内存成本控制，不同的地方在于，一个是满足低成本的条件下提升内存的存取速度，而另一个是则是扩充内存大小。

就工作机制来说，Cache 和虚拟内存也非常的相似，就是把程序中最常用的那部分内容驻留在高速的存储器中，以供程序访问，一旦高速存储器空闲空间紧张而且这部分内容又长时间不用，就把它们从高速存储器中送回到低速的存储器中，从而腾出高速存储的空间便于装载新的内容，这种数据的驻留与送回是由硬件和软件来完成的，对用户而言则是透明的，其工作的最终目的是为求通过高速存储器的辅助来提升存储系统的性能，使其数据访问速度尽量接近高速存储器的速度，而整体成本又接近低速存储器。

## 三、虚拟光驱

虚拟存储器的技术在某一个方面的应用非常广泛，这便是虚拟驱动器。所谓虚拟驱动器，即使用特定的虚拟存储技术软件，将计算机中的一种物理存储设备或者文件系统模拟成一种具有逻辑的存储设备，满足应用中的某种特殊的需求。常见的虚拟驱动器有虚拟光驱、虚拟硬盘以及虚拟磁带库等。

### （一）虚拟光驱定义

虚拟光驱就是在计算机上通过软件模拟出一个光驱。这不是一个物理设备，所以无法放入光盘，当然也不能直接读取光盘，取而代之的是通过加载存放在硬盘上的一个光盘镜像文件。

为什么要使用虚拟光驱呢？因为物理光驱有两个致命的缺点，一是光盘读取速度慢，另一个是光驱的寿命短。光盘信息的读取需要通过激光照射到旋转的光盘表面，再通过反射来获取，要想提高读取速度就得提高光盘的旋转速度，但这时光盘的抖动又增加了，光线的聚焦又会变得非常困难，所以光驱速度的提升是非常有限的，速度慢的特点也就无法改变。现在 DVD 最高为 16 倍速，按基准速度 1358 KB/S 计算，约为 20 MB/s，要注意这是个理论速度，实际中是远远达不到的。还有，光驱使用的发射激光的光头存在光衰现象，随着使用时间的延续，发光强度会越来越弱，也就意味着信息的读取也会越来越差，直至完全不能使用，如果使用质量不佳的光盘还会使这一过程加快。

虚拟光驱是通过加载存储于硬盘上的光盘镜像文件来读取信息的，所以数据读取的速度就是硬盘数据的读取速度，在 SATA 硬盘环境中就可以让虚拟光驱的读写速度稳定地保持在 80 MB/S 以上。虚拟光驱并不是一个物理设备，所以其使用寿命也就无从谈起，只要愿意可以永久使用。当然，使用虚拟光驱也就省去了光驱这样的物理设备，既省电又节省成本。

### （二）光盘镜像文件

什么又是光盘镜像文件呢？镜像文件在有些地方也叫作映像文件，这是通过光驱读取光盘信息，将整张光盘内容按一定的格式生成的一个文件。这个文件可以看成这个光盘完整内容的镜像，所以称为镜像文件。光盘镜像文件可以通过光盘刻录软件再写入一张可写光盘，重新生成一张与原始母盘完全一样的光盘，也还可以由虚拟光驱软件加载来使用。

虚拟光驱软件种类相当多，应用最广泛的也有好几种。几个大的虚拟光驱软件厂商都有自己独立的镜像文件标准，最常见的文件格式有 ISO、BIN、NRG 等。好在现在大部分虚拟光驱软件都提供对一些常见格式的镜像文件的支持，就算遇上不支持的格式，也还有专门的格式转换软件帮助我们将其转换成合适的格式。

UltraISO 就是一款著名的光盘镜像文件制作软件，它的功能有镜像文件制作、编辑、格式转换和刻录光盘等，支持 27 种常见的光盘镜像文件格式，可以读取光盘制作的镜像文件，可以直接编辑镜像文件并从镜像中提取文件，还可以将硬盘中的文件和文件夹制作成光盘镜像文件。

## （三）虚拟光驱软件

虚拟光驱软件非常多，但使用方法大同小异，现在以金山模拟光驱为例介绍其使用方法。在这里称为模拟光驱，其实和虚拟光驱是一样的，只是叫法不同。金山模拟光驱是金山公司开发的一款虚拟光驱软件，该软件功能完善，操作简单，支持的镜像文件格式除了自己专用的格式 KVD 外，还支持常见的 16 种格式。

使用金山模拟光驱前需要先安装软件，软件的安装文件名为 KVDShare.exe。执行安装后按默认后直接点击"下一步"即可，在最后会有软件关联文件的提示，可选也可不选，其后还会有一个安装选项的提示，其中一项是"在启动计算机时自动运行金山模拟光驱"，如果不是经常使用或者一开机就使用虚拟光驱，就把选项前面的勾去掉，安装完成后需要重新启动计算机。

金山模拟光驱的具体操作方法是，先使用"设置"功能来设定好虚拟光驱及盘符，然后再执行"添加光盘"功能，从硬盘的文件目录中找到需要的镜像文件并加入文件列表窗中，接下来用鼠标先在光驱显示区选中虚拟光驱，再在文件列表区选中光盘镜像文件，最后用鼠标单点工具栏的"插入光盘"即可。这时，在系统中就会出现设定好盘符的虚拟光驱，可以像普通的物理光驱一样的使用虚拟光驱了，当然，文件读取速度比普通光驱要快很多。要注意的是，金山模拟光驱如果没有"插入光盘"，也就是没有装载光盘镜像文件，在我的电脑中是看不到虚拟光盘的。

## （四）网络虚拟光驱

网络虚拟光驱与通常的虚拟光驱的不同之处在于，不是从硬盘上去读取光盘镜像文件，而是通过网络读取远程服务器上的光盘镜像文件。

现在的网络虚拟光驱主要应用于 TCP/IP 网络，数据传输都是在以太网络中进行，其中存在两种传输形式。一类数据传输标准使用的是专用协议，软件分为服务器端和客户端，其实客户端就是一个虚拟光驱软件，服务端主要用于光盘镜像文件的发布。这类软件没有兼容性，不同厂家的客户端必须与该厂家对应的服务端配合使用，不能互换。另一类数据传输标准使用的是通用协议，比如使用 http 协议，这样就不需要专用的服务端软件，使用通用的 WEB 服务系统就可以进行光盘镜像文件的发布。

由于数据传输使用的是 http 协议，所以，这类虚拟光驱在广域网上也可以正常使用。读者只要以合法身份登录图书馆网站，就可以在家里应用计算机方便地加载光盘镜像文件，迅速地获取到自己所需的资源，不再需要到图书馆去办理借阅手续，既方便又节省时间。网络虚拟光驱不仅速度快，由于不用借出光盘，还可以有效地防止因读者借出容易造成的光盘损坏现象。现在图书馆光盘发布都逐步走向 WEB 方式，与光盘塔相比，网络虚拟光驱不仅应用方便快捷，而且构建成本低，优势十分明显。

## 四、虚拟硬盘

### （一）基于内存的虚拟硬盘

基于内存的虚拟硬盘也叫做内存虚拟硬盘，即使用计算机的一部分物理内存来模拟硬盘，这正好与虚拟内存的过程相反。虚拟内存的目的是利用硬盘存储空间来扩大内存的容量，而基于内存的虚拟硬盘则是为了得到一个高速的硬盘。

我们都知道，内存的读写速度非常快，远远高于硬盘的读写速度。现在 DDR3 内存的数据读写速度已经达到了 4 GB/S，而现在 SATA 硬盘的连续数据的读写速度最高大约可达到 120 MB/S，两者的差距超过 30 倍。使用内存虚拟硬盘软件就可以从内存中分割一部分将其模拟出一个逻辑上的硬盘，计算机使用这个硬盘进行数据交换会极大地提高运行的速度，明显地提升计算机的性能。

使用内存虚拟硬盘当然是为了极高的数据读写速度，那么，与物理硬盘相比，内存虚拟硬盘的速度优势到底有多大呢？前面已经说道，基于内存的虚拟硬盘与物理硬盘相比其理论上数据读写能力相差达 30 倍，而实际情况差异可能还会更大。因为硬盘是个机电设备，数据的读写是通过磁头臂的移动定位于盘片上的特定位置来完成的，这一过程就是所说的寻道。当遇上文件的数据在磁盘上的存放不是连续的，硬盘数据的读写速度就会明显下降；如果遇上大量小文件的读写，由于每个文件的读写都需要在目录区、数据区等不同的区域获取文件信息，这样反复的寻道还会使硬盘的读写速度更加显著地下降，在实际应用中发现在拷贝像电子图书等大量小文件时，数据读写速度大约只有 1 MB/s 多一点。内存虚拟硬盘就不存在机械设备的寻道延迟现象，所以，不仅数据的读写速度快，而且还非常稳定，就算是大量小文件的读写其性能也照样有非常大的优异。

内存本身的特点决定了，保存在基于内存的虚拟硬盘中的数据关机后会丢失，这也是在内存虚拟硬盘使用中最突出的一个问题。有些内存虚拟硬盘系统增加了一个文件转存功能，就是在系统关机时自动把虚拟内存中的数据转存到物理硬盘中，在下一次开机时再恢复到虚拟硬盘上，这样做也只能防止正常关机数据的丢失，对于突然掉电等非正常关机还是无济于事，而且由于需要数据的转存，计算机的开机和关机会变得相当慢。因此，内存虚拟硬盘还是更适合用来保存临时文件，恰当的配置能够明显地提升计算机的性能，同时还不会出现数据安全问题。

根据内存虚拟硬盘应用的实践经验，在以下这几个方面的使用效果是非常好的，而且设置过程简单，也不会对系统产生明显的不良影响。

**1. 将 IE 临时文件夹移于内存虚拟盘上，提高上网速度**

在使用 IE 浏览器时，所浏览的网页的文件会被保存于 IE 的临时文件夹里，可以将这个临时文件夹放到基于内存虚拟硬盘中，由于文件是从内存中读取，这时会明显地感受到浏览的网页速度加快了。

**2. 将系统的临时文件夹移于内存虚拟硬盘上，提高系统的运行速度**

很多软件在运行的时候，都会将一些临时文件保存在系统的临时文件夹中，比如一些应用软件在安装过程中就会将安装文件释放到系统的临时文件夹中。将系统文件夹放到虚拟硬盘中，系统在运行中对临时文件夹的读写实际就是对内存的读写，必定会对系统的运行速度产生影响，但对系统运行速度产生影响的程序会随系统临时文件夹读写状况而有所不同，如果数据读写量大，系统速度提升也就大，如果数据读写量小甚至没有，那系统速度的变化就不明显。

3. 将应用软件的临时文件夹移于内存虚拟硬盘上，提高软件的运行速度

许多应用软件都有临时文件夹，用于软件运行临时文件的存放和读取，比如像 WinRAR、Photoshop 等。如果把临时文件夹设置于内存虚拟硬盘上，可以提高这些应用软件的运行速度，像 Photoshop 这类大型软件，图片处理过程中需要大量地从临时文件夹中存取图片数据，按如此方法设置后，软件运行速度明显加快。

4. 将 BT 下载缓存置于内存虚拟硬盘上，减少对硬盘的频繁读写

BTT 在过程中会将数据临时存放于缓存之中，通常是将缓存置于硬盘之上，这会引起硬盘频繁的读写，从而加重硬盘的负担，影响硬盘的寿命。将 BT 下载的缓存设置于基于内存的虚拟硬盘中，不但下载速度会因此加快，还会减少下载过程中对硬盘频繁的读写。

5. 将系统虚拟内存设置在内存虚拟硬盘上，提高系统的性能

初看起来，将内存模拟成硬盘，再将这个虚拟硬盘又模拟成内存，似乎多此一举，其实不然。其一，在 Windows 系统中软件的运行都需要虚拟内存，如果没有可能会变得不稳定，将虚拟内存设置于虚拟硬盘上与将其设置于物理硬盘上相比，软件运行速度会更快。其二，现在很多计算机都安装有 4 GB 或者以上的内存，使用 32 位操作系统就无法使用全部容量，而虚拟硬盘软件却可以使用这些内存并将其模拟成虚拟硬盘，然后，再将虚拟内存置于这个虚拟硬盘上，便可有效地应用系统内存。

（二）基于文件的虚拟硬盘

基于文件的虚拟硬盘与基于文件的虚拟光驱类似，就是将存储于物理硬盘上的一个硬盘镜像文件模拟成一个虚拟硬盘，与光盘镜像文件保存为光盘格式不同的是硬盘镜像文件保存为特定的硬盘存储格式，镜像文件在有些地方也叫作映像文件。文件虚拟硬盘与虚拟光驱还是有一点明显的不同，基于硬盘存储的原因，虚拟光驱可以得到比实际物理光驱速度更快的逻辑光驱，而基于文件的虚拟硬盘却不可能获得更高的速度，其目的也仅仅是为了得到一个逻辑的硬盘设备。

在微软最新的 Windows 系统中已经集成了文件虚拟硬盘的功能，所谓动态扩展格式，即虚拟硬盘大小为初始设置的大小，但与之对应的保存在物理硬盘上的硬盘镜像文件是随着存入文件的增加而逐步增大，但最大不能超过设置的大小，同时，文件的动态变化是单向的，即从虚拟硬盘中删除文件时镜像文件大小不会减少。固定大小格式是在创建初始时，就在物理硬盘上建立一个初始设置容量大小的镜像文件，并且其容量大小不会随着虚拟硬盘中文件的写入和删除而发生改变。

除了 VHD 格式外，虚拟硬盘的镜像文件还有多种格式，每种格式都需要与对应的硬盘虚拟软件配套使用。虚拟硬盘软件有时又叫作硬盘镜像包挂载软件。在应用过程中，也发现有针对多种硬盘镜像文件的虚拟硬盘软件，但根据实际使用情况来看，兼容性并不太好，有时会有打不开镜像文件的现象，还发现有些虽然打开了，但在写入文件后镜像文件却遭到了破坏。

基于文件的虚拟硬盘最典型的应用就是虚拟机了。所谓虚拟机指通过软件模拟的具有完整硬件系统功能的一个逻辑的计算机系统。通过虚拟机软件，可以将一台物理

计算机设备模拟出一台或者多台虚拟的计算机设备，其中包括了虚拟的 CPU、虚拟的网卡、虚拟的内存和虚拟的硬盘等等。通过在物理硬盘上建立硬盘镜像文件的方式，可以很容易地创建一个或者多个虚拟硬盘，管理也非常方便。

由于基于文件的虚拟硬盘的实际数据仍然存放于物理硬盘之上，所以也就不会存在像内存虚拟硬盘一样有关机丢失数据的现象，数据的安全就有所保障了。当然，数据的读写速度也就不会高于其宿主的物理硬盘，肯定是远远低于内存虚拟硬盘的。从实际使用的体验上来看，基于文件的虚拟硬盘更像是实体的物理硬盘。

## （三）基于网络的虚拟硬盘

网络虚拟硬盘也叫作网络虚拟磁盘，是将数据置放于远程服务器上，使用高速的 IP 网络来进行数据的传输，客户机运行网络虚拟硬盘软件后，通过网络来访问服务器上的数据从而在本地模拟出一个逻辑的硬盘。在服务器上运行专门的网络虚拟硬盘服务软件，所管理和传输的数据可以是服务器硬盘镜像文件，也可以是服务器物理存储设备的一个分区，还可以是服务器上存储器中的一个文件夹。

一般来说，网络虚拟硬盘的数据读写速度主要还是取决于网络速度，这是因为用于网络虚拟硬盘系统的服务器都有很高的性能，存储系统甚至使用的是性能优异的磁盘阵列，相对而言，网络通常就成了整个数据传输通道中的瓶颈。在局域网中，网络性能能够得到一定的保障，所以在范围较小的局域网中，网络虚拟硬盘性能也就有了保障，其数据读写速度也相对较快，理想的情况下可以达到 80 MB/s。网络虚拟硬盘是支持 TCP/IP 协议的，其数据传输可以跨越网段，所以其范围甚至可以扩展到广域网络，比如现在互联网上的虚拟磁盘（也叫云盘）。广域网络的复杂性影响了数据的传输速度，所以范围的扩大带来的必然结果就是速度的下降。

为满足实际运行中的不同需求，网络虚拟硬盘加入了很多新技术，如多网卡负载均衡、超级写保护等。作为网络虚拟硬盘系统的核心，服务器网络连接端口是瓶颈所在，为提高网络连接速度可以在服务器上安装多个网卡，网络虚拟硬盘系统可以针对网络数据传输的状况在多张网卡中进行流量的均衡，以提高网络传输的质量和速度。所谓写保护即不能改写数据，而这里的超级写保护则与简单的写保护不同，即在网络虚拟硬盘中客户端是可以对网络虚拟硬盘进行写操作的，但服务器上的原始数据是不能改写的，即数据被写保护了的，而在服务器系统中另外使用"回写"控制功能来分别记录每个客户端的写操作，这时，客户端的虚拟硬盘数据实际上是由保护的原始数据和回写数据两个部分共同组成，客户端看来和普通的硬盘读写操作并没有两样。在服务器端，通过管理系统还可以根据日志修改回写数据，从而对某个客户端虚拟硬盘的数据进行恢复、还原。

现今网络虚拟硬盘的使用非常广泛，其应用大致可以分为以下几个方面。

### 1. 扩展磁盘

这也是网络虚拟硬盘最初的目的。使用网络虚拟硬盘，可以弥补计算机本地硬盘的不足，从而扩展计算机的性能。甚至可以不用安装物理硬盘，而使用网络虚拟硬盘来运行系统，这便是现在的无盘工作站。这种模式在图书馆电子阅览室使用较多。

## 2．文件共享

在服务器端一个不管是以硬盘镜像文件还是物理硬盘的分区方式挂接的网络虚拟硬盘，可以供多个客户端连接，也就是说与之连接的多个客户端是共享这些数据。这样的应用形式，在电脑教室、图书馆电子阅览室和社会上的网吧中都被广泛应用，即使在办公电脑系统中也有不少的应用。

不管是软件还是游戏都经常升级，如果逐台计算机去进行升级的话，不仅需要耗费大量的时间，所有的机器都去下载升级文件也会占用网络带宽，甚至造成网络堵塞。使用虚拟硬盘系统，管理人员只需要在服务器上的硬盘镜像文件或者硬盘分区中进行升级即可，全部客户机上的虚拟硬盘内容也就随之完成了更新。现在的网络虚拟硬盘系统的服务器端使用特定的技术手段，在升级过程中并不影响客户端的正常使用，而只有在客户机重新启动以后虚拟硬盘的内容才是更新后的内容。

## 3．数据保护

使用网络虚拟硬盘保存数据时，实际上数据是保存于服务器之上的，位于图书馆和信息管理中心的数据中心都有很强的安全性，服务器和存储设备往往都有多重保护。个人计算机则存在多重的风险，如硬盘损坏数据的丢失、病毒的破坏以及系统重装等。存储于服务器上的数据能够得到有效保护，和用户的个人计算机比起来安全性要高得多。现在很多学校图书馆都为学校师生提供网络磁盘功能，在校园网内可以方便、高速地使用，读者可以将自己的资料保存于网络硬盘之上，以备不时之需。

## 4．数据移动

在工作中当需要将数据带到另一处使用时，我们通常的做法是将数据复制到移动存储设备中，现在网络虚拟硬盘为我们提供了一种新的选择。只要网络能够连接到的地方，我们都可以使用计算机运行网络虚拟硬盘客户端软件连接服务器来使用虚拟硬盘，只要事先将资源保存于网络虚拟硬盘上，就可以在不同的地方随时使用。有些网络虚拟硬盘系统还支持 WEB 方式，可以免去安装客户端软件的烦恼，有些甚至还支持手机连接。

# 五、云存储

云存储虽然是个新事物，却一直吸引着人们的关注目光，其市场的发展也是如火如荼。但到底什么是云存储，却众说纷纭，很难有个准确的定义。

## （一）云存储的概念

实际上云存储早就有应用了，只是不像今天这样受到如此的关注和重视。简单来说，云存储就是将数据存放在"云"端，通过公共网络可以任何时候、任何地方，使用各种不同的设备。那什么是"云"呢？有人将"云"的定义描述为，云的本质是一种由虚拟化和集群技术支撑的以服务为模式的可运营的 IT 系统。通常认为云存储是云计算衍生出来的概念，是云计算的延伸和发展。云存储既包含拥有高可扩展性的一种存储架构，又是一种向网络用户提供的存储服务。如果用一个人来做比喻，那么存储架构就是它的肉身，而存储服务便是它的灵魂。存储基础架构存在于云存储的底层，是云存储的物理基础。云存储管理软件完成对整个存储的管理以及向存储服务的转换。用户访问云存储，并不是单单去访问某一个确定的存储设备，而是应用建立在整个存储架构上的一种存储的服务。

位于云存储底层的存储架构是在分布式网络存储的基础上，通过存储虚拟化技术形成一个庞大的虚拟逻辑存储系统。在物理上这些存储设备可以分布于不同的地理位置，可以是基于 FC 或者 IP 网络的存储设备，基本的存储架构可以是 NAS、SAN 等。系统管理软件完成对整个存储系统的虚拟化管理，形成一个统一的虚拟存储系统，具备高可用性和高可扩展性的性能特征。

云存储的重心是服务，是云存储服务商通过网络提供的一种网络存储服务。与传统存储相比，最明显的特点在于"按需所取"。在传统的存储应用中，在规划时就需要对存储应用中可能的需求进行评估，通常会按照将来（至少是近期）可能要使用的容量大小购置、装配存储设备，这样往往会造成存储设备巨大的浪费，加重企业的经验负担。云存储的模式则与此不同，云存储的应用过程中用户无须考虑将来需要使用多大的存储，只需向云存储服务商提出云存储的服务请求即可。在使用过程中云存储的智能化管理系统会自动按使用的要求动态地分配存储空间，用户最后就按实际使用的存储付款。

其实，云存储的服务是多个方面的，而不同的厂商自身的云存储服务往往都只局限于某一个比较单一的方面，所以给出的定义具有局限性。自然不同的厂商就会给出不同的定义，犹如"盲人摸象"，况且云存储的发展方兴未艾，要想给出一个准确的定义非常难，出现这种众说纷纭的场面也就不足为奇了。

比较公认的看法是，云存储是通过内部局域网络（内部云）或者互联网络（公共云）以自助方式提供的，是建立在高可用性和高可扩展性的虚拟存储架构上的，具有配置灵活、即购即用的一种存储服务模式。

## （二）云存储的基本特性

综合来看，云存储表现出与传统存储的不同，其基本特性归纳为以下几个方面：①云存储构建于以高可扩展性的存储为基础的架构上；②存储功能从中抽取出来以服务的方式向用户提供；③存储服务是按用户所需灵活、动态地分配；④用户共享资源；⑤服务按使用付费，即买即用；⑥均可通过互联网或者局域网经验证后访问存储服务。

## （三）云存储的关键技术

存储虚拟化技术是云存储的核心技术。在云存储的底层往往是来自不同厂商的、不同型号、采用不同的通信技术甚至是不同类型的存储设备，如果没有一种技术手段来将其集中管理，在这样分散而且凌乱的存储环境中，云存储就无从谈起。存储虚拟化技术将各种异构的存储设备进行集中管理，从而屏蔽物理存储设备的异构特性以及实体的物理位置，形成一个统一的存储资源池，并对存储资源进行统一分配，且能够根据用户使用的状况实时进行资源大小的动态调整，使用"智能感知"的技术手段对存储资源进行合理调度。

集群技术和分布式存储技术是云存储的关键技术。单点的存储系统算不上云存储，在云存储底层的构架上，必然是由分布于不同物理位置甚至地理位置隔较远的多存储设备，以及多种服务和应用的一个综合系统。有了集群技术，才能将这些存储设备有机地集中起来并进行统一管理，使系统具备了高可用性和可扩展性的特征。分布式存储包括分布式块存储、分布式文件系统存储、分布式对象存储和分布式表存储。分布式文件系统将分散的存储资源集合起来构成一个虚拟的存储设备，并提供通用的文件访问接口，实现对文件和目录的列表、读写及删除等操作功能。

可以说云存储是集中的当今最新的技术，数量也是相当多，这些技术手段为云存储发展以及功能的发挥提供了有力的保障，像重复数据删除技术一样可以有效地减少存储系统中数据的冗余，节省存储空间。存储加密技术对存储于系统中的数据进行加密处理，只有授权用户才能正常读取，以保证存放在存储设备上数据的安全性，在这里就不一一列举了。

### （四）云存储系统的结构

云存储系统的模型结构分为四层，从低到高分别是存储层、基础管理层、应用接口层和访问层。存储层是云存储系统的基础；基础管理层是整个云存储最复杂也是最关键的部分，云存储的主要功能由这一层来完成；应用接口层为不同服务提供相应的用户接口，完成网络接入、用户认证和权限管理；访问层位于整个云存储的最顶端，在这一层用户通过标准的公用应用接口来登录云存储系统，经验证后享受云存储系统提供的存储服务。

### （五）云存储的类型

云存储的类型有公共云存储、私有云存储、内部云存储、混合云存储几种，其中私有云存储与内部云存储两种类型很相似，有些私有云存储也是内部云存储，所以常常出现混淆，其实二者还是有些区别的。

1. 公共云存储

公共云存储通常是由专门的网络服务商提供，是通过互联网络来提供存储服务。公共云存储的存储服务是面向多用户的，是专为大规模客户群而设计建设的，除了具备数据共享功能外，还可以为每个用户提供数据的隔离，保证用户数据的安全。

2. 私有云存储

私有云存储是为用户单独构建的云存储服务，它可以是位于在企业网络防火墙之内，也可以是位于防火墙之外，甚至是在互联网上。私有云存储可以由企业自己来专门构建和管理，也可以让专门的网络服务商来为其建设并为其代为管理，还可以是网络服务商在所提供的公共云存储系统上划分出一部分来构建的。

3. 内部云存储

顾名思义，内部云存储就是整个云存储系统放在企业内部网络中，位于企业网络防火墙之内。内部云存储与公共云存储具有相同的功能，也有相似的性能，但规模通常要小得多。内部云存储大多是私有云存储，只有整个系统都位于企业内部网络之中的私有云存储才是内部云存储。

4. 混合云存储

混合云存储就是将公共云存储、私有云存储和内部云存储结合起来，即将远程公共云存储与本地存储结合起来。在混合云存储使用过程中，把安全性要求高以及使用频繁的数据存储于本地系统，其他的需要共享或者把一般性的数据存储于公共云存储系统中，既保证了系统运行的高速和安全，也达到了扩展存储与数据共享的目的。由于到底哪些数据存储于本地，哪些存储于公共云存储系统需要一款有效的判断机制，而且需要系统能够智能地处理，所以，混合云存储的管理相对比较复杂。

# 第四章　局域网组建与互联技术的发展应用

## 第一节　局域网组建与安全技术应用

### 一、局域网概述

局域网（LAN）是当今计算机网络技术应用与发展非常活跃的一个领域。公司、企业、政府部门及至住宅小区内的计算机都在通过 LAN 连接起来，以达到资源共享、信息传递和数据通信的目的。而信息化进程的加快，更是刺激了通过 LAN 进行网络互连需求的剧增。因此，理解和掌握局域网技术就显得更加实用。

（一）局域网的特点

局域网技术是当前计算机网络研究与应用的一个热点问题，也是目前技术发展最快的领域之一。局域网具有如下特点：

①网络所覆盖的地理范围比较小。通常不超过几十千米，甚至只在一幢建筑或一个房间内。

②具有较高的数据传播速率，通常为 10 Mbps～100 Mbps，高速局域网可达 1000 Mbps（千兆以太网）。

③协议比较简单，网络拓扑结构灵活多变，容易进行扩展和管理。

④具有较低的延迟和误码率，其误码率一般在 $10-10 \sim 10-8$ 之间，这是因为传输距离短，传输介质质量较好，因而可靠性高。

⑤局域网络的经营权和管理权为某个单位所有，与广域网通常由服务提供商提供形成鲜明对照。

⑥便于安装、维护和扩充，建网成本低、周期短。

尽管局域网地理覆盖范围小，但这并不意味着它们必定是小型的或简单的网络。局域网可以扩展得相当大或者非常复杂，配有成千上万用户的局域网也是很常见的事。

局域网的应用范围极广，可应用于办公自动化、生产自动化、企事业单位的管理、银行业务处理、军事指挥控制、商业管理等方面。局域网的主要功能是为了实现资源共享，其次是为了更好地实现数据通信与交换以及数据的分布处理。

一般来说，决定局域网特性的主要技术要素是网络拓扑结构、传输介质与介质访问控制方法。

（二）局域网的拓扑结构

局域网与广域网的一个重要区别在于它们覆盖的地理范围。由于局域网设计的主要目标是覆盖一个公司、一所大学或一幢甚至几幢大楼的"有限的地理范围"，因此它的基本通信机制上选择了"共享介质"方式和"交换"方式。因此，局域网在传输介质的物理连接方式、介质访问取控制方法上形成了自己的特点，在网络拓扑上主要采用总线型、环形与星型结构。

### 1．总线型拓扑结构

总线型拓扑是局域网最主要的拓扑结构之一。所有的站点都直接连接到一条作为公共传输介质的总线上，所有节点都可以通过总线传输介质发送或接收数据，但一段时间内只允许一个节点利用总线发送数据。当一个节点利用总线传输介质以"广播"方式发送信号时，其他节点都可以"收听"到所发送的信号。由于总线作为公共传输介质为多个节点所共享，所以在总线型拓扑结构中就有可能出现同一时刻有两个或两个以上节点利用总线发送数据的情况，这种现象被称为"冲突"。冲突会造成数据传输的失效，因为接收节点无法从所接收的信号中还原出有效的数据。需要提供一种机制用于解决冲突问题。

总线拓扑的优点是结构简单，实现容易；易于安装和维护；价格低廉，用户站点入网灵活。

总线型结构的缺点是传输介质故障难以排除；并且由于所有节点都直接连接在总线上，因此任何一处故障都会导致整个网络的瘫痪。

### 2．环形拓扑结构

在环形拓扑结构中，所有的节点通过通信线路连接成一个闭合的环。在环中，数据沿着一个方向绕环逐站传输。环形拓扑结构也是一种共享介质结构，多个节点共享一条环通路。为了确定环中每个节点在什么时候可以传送数据帧，同样要提供旨在解决冲突问题介质访问控制。

由于信息包在封闭环中必须沿每个节点单向传输，因此，环中任何一段的故障都会使各站之间的通信受阻。为了增加环形拓扑可靠性，还引入了双环拓扑。所谓双环拓扑就是在单环的基础上在各站点之间再连接一个备用环，从而当主环发生故障时，由备用环继续工作。

环形拓扑结构的优点是能够较有效地避免冲突，其缺点是环形结构中的网卡等通信部件比较昂贵且管理复杂得多。

### 3．星型拓扑结构

星型拓扑结构是由中央节点和一系列通过点到点链路接到中央节点的节点组成的。各节点以中央节点为中心相连接，各节点与中央节点以点对点方式连接。任何两节点之间的数据通信都要通过中央节点，中央节点集中执行通信控制策略，主要完成节点间通信时物理连接的建立、维护和拆除。

星型拓扑结构简单，管理方便，可扩充性强，组网容易。利用中央节点可方便地提供网络连接和重新配置；且单个连接点的故障只影响一个设备，不会影响全网，容易检测和隔离故障，便于维护。

## （三）局域网的体系结构

局域网的体系结构与 OSI 模型有相当大的区别，局域网只涉及 OSI 的物理层和数据链路层。那么为什么没有网络层及网络层以上的各层呢？首先 LAN 是一种通信网，只涉及有关的通信功能。其次，由于 LAN 基本上采用共享信道的技术，所以也可以不设立单独的网络层。也就是说，不同局域网技术的区别主要在物理层和数据链路层，当这些不同的 LAN 需要在网络层实现互联时，可以借助其他已有的通用网络层协议如 IP 协议。

①局域网的物理层是和 OSI 七层模型的物理层功能相当，主要涉及局域网物理链路上原始比特流的传送，定义局域网物理层的机械、电气、规程和功能特性。如信号的传输与接收、同步序列的产生和删除等，物理连接的建立、维护、撤销等。物理层还规定了局域网所使用的信号、编码、传输介质、拓扑结构和传输速率。例如，信号编码可以采用曼彻斯特编码，传输介质可采用双绞线、同轴电缆、光缆甚至是无线传输介质；拓扑结构则支持总线型、星型、环型和混合型等，可提供多种不同的数据传输率。

②数据链路层的另一个主要功能是适应种类多样的传输介质，并且在任何一个特定的介质上处理信道的占用、站点的标识和寻址问题。在局域网中这个功能由 MAC 子层实现。由于 MAC 子层因物理层介质的不同而不同，它分别由多个标准分别定义。

MAC 子层使用 MAC 地址（也称物理地址）标识每一节点。通常发送方的 MAC 子层将目的计算机的 MAC 地址添加到数据帧上，当此数据帧传递到接收方的 MAC 子层后，它检查该帧的目的地址是否与自己的地址相匹配。如果目的地址与自己的地址不匹配，就将这一帧抛弃；如果相匹配，就将它发送到上一层。

③数据链路层的主要功能之一是封装和标识上层数据，在局域网中这个功能有 LLC 子层实现。LLC 子层对网络层数据添加 802.2LLC 头进行封装，为了区别网络层数据类型，实现多种协议复用链路，LLC 子层用服务访问点标志上层协议。LLC 标准包括两个服务访问点：源服务访问点和目的服务访问点，用以分别标识发送方和接收方的网络层协议。SAP 长度为 1 字节，且仅保留其中 6 位用于标识上层协议，因此其能够标识的协议数不超过 32 种，为确保 IEEE802.2LLC 上支持更多的上层协议，IEEE 发布了 802.2SNAP 标准。802.2SNAP 也用 LLC 头封装上层数据，但其扩展了 LLC 属性，将 SAP 的值置为 AA，而新添加了一个 2 字节长的协议类型字段，从而可以标识更多的上层协议。

## （四）IEEE 802.3 协议

IEEE 802.3 协议是一个使用 CSMA/CD 媒体访问控制方法的协议标准。最初大部分局域网都是将许多计算机都连接到一条总线上，即总线网。总线网的通信方式是广播通信，当一台计算机发送数据时，总线上所有计算机都能检测到这个数据。仅当数据帧中的目的地址与计算机的地址一致时，该计算机才接收这个数据帧。计算机对不是发送给自己的数据帧，则一律不接收（即丢弃）。

在总线上，只要有一台计算机发送数据，总线的传输资源就被占用。因此，在同一时间只能允许一台计算机发送信息，否则各计算机之间就会相互干扰，结果谁都无法正常发送数据。如何协调总线上各计算机的工作，总线网采用了一种特殊的协议，即载波监听多点接入/碰撞检测技术。

CSMA/CD 的工作原理可概括成四句话：即先听后发，边发边听，冲突停止，随机延时后重发。具体过程如下：

①当一个站点想要发送数据的时候，它检测网络查看是否有其他站点正在传输，即侦听信道是否空闲。

②如果信道忙，则等待，直到信道空闲。

③如果信道闲，站点就传输数据。

④在发送数据的同时，站点继续侦听网络确信没有其他站点在同时传输数据。因为有可能两个或多个站点都同时检测到网络空闲然后几乎在同一时刻开始传输数据。如果两个或多个站点同时发送数据，就会产生冲突。

⑤当一个传输节点识别出一个冲突，它就发送一个拥塞信号，这个信号使得冲突的时间足够长，让其他的节点都有可能发现。

⑥其他节点收到拥塞信号后，都停止传输，等待一个随机产生的时间间隙后重发。

CSMA/CD采用的是一种"有空就发"的竞争型访问策略，因而不可避免会出现信道空闲时多个站点同时争发的现象，无法完全消除冲突，只能是采取一些措施减少冲突，并对产生的冲突进行处理。因此采用这种协议的局域网环境不适合于对实时性要求较强的网络应用。

## （五）IEEE 802.5 协议

早期局域网存在一种环形结构，而环形网中采用令牌技术来进行访问控制。为此 IEEE 组织为其定义了 IEEE 802.5 协议，阐述了令牌环技术。Token Ring 是令牌传送环的简写。令牌环的结构是只有一条环路，信息沿环单向流动，不存在路径选择问题。

在令牌环网中，为了保证在共享环上数据传送的有效性，任何时刻也只允许一个节点发送数据。为此，在环中引入了令牌传递机制。任何时候，在环中有一个特殊格式的帧在物理环中沿固定方向逐站传送，这个特殊帧称为令牌。令牌是用来控制各个节点介质访问权限的控制帧。当一个站点想发送帧时，必须获得空闲令牌，并在启动数据帧的传送前将令牌帧中的忙/闲状态位置于"忙"，然后附在信息尾部向下一站发送，数据帧沿与令牌相同的方向传送，此时由于环中已没有空闲令牌，因此其他希望发送的工作站必须等待，也就是说，任何时候，环中只能有一个节点发送数据，而其余站点只能允许接收帧。当数据帧沿途经过各站的环接口时，各站将该帧的目的地址与本站地址进行比较，若不相符，则转发该帧；若相符，则一方面复制全部帧信息放入接收缓冲以送入本站的高层，另一方面修改环上帧的接收状态，修改后的帧在环上继续流动直到循环一周后回到发送站，由发送站将帧移去。按这种方式工作，发送权一直在源站点控制之下，只有发送信息的源站点放弃发送权，或拥有令牌的时间到，其才会释放令牌，即将令牌帧中的状态位置"空"后，再放到环上去传送，这样其他站点才有机会得到空令牌以发送自己的信息。

归纳起来，在令牌环中主要有下面三种操作：

①截获令牌并且发送数据帧。如果没有节点需要发送数据，令牌就由各个节点沿固定的顺序逐个传递；如果某个节点需要发送数据，它要等待令牌的到来，当空闲令牌传到这个节点时，该节点修改令牌帧中的标志，使其变为"忙"的状态，然后去掉令牌的尾部，加上数据，成为数据帧，发送到下一个节点。

②接收与转发数据。数据帧每经过一个节点，该节点就比较数据帧中的目的地址，如果不属于本节点，则转发出去；如果属于本节点，则复制到本节点的计算机中，同时在帧中设置已经复制的标志，然后向下一节点转发。

③取消数据帧并且重发令牌。由于环网在物理上是一个闭环，一个帧可能在环中不停地流动，所以必须清除。当数据帧通过闭环重新传到发送节点时，发送节点不再转发，而是检查发送是否成功。如果发现数据帧没有被复制（传输失败），则重发该数据帧；如果发现传输成功，则清除该数据帧，并且产生一个新的空闲令牌发送到环上。

## 二、局域网主要技术

目前常见的局域网技术包括以太网、令牌环、光纤分布式数据接口等，它们在拓扑结构、传输介质、传输速率、数据格式、控制机制等各方面都有很多不同。

随着以太网带宽的不断提高和可靠性的不断提升，令牌环和FDDI的优势不复存在，渐渐退出了局域网领域。以太网具有开发简单、易于实现、易于部署的特性，已得到广泛应用，并迅速成为局域网中占统治地位的技术，另外，无线局域网技术的发展也非常迅速，已经进入大规模安装和普及阶段。

### （一）以太网系列

#### 1. 标准以太网

以太网（Ethernet）是一种产生较早且使用相当广泛的局域网，它具有结构简单、工作可靠、易于扩展等优点，因而得到了广泛的应用。20世纪80年代美国Xerox，DEC与Intel三家公司联合提出了以太网规范，这是世界上第一个局域网的技术标准。后来的以太网国际标准IEEE802.3就是参照以太网的技术标准建立的，两者基本兼容。为了与后来提出的快速以太网相区别，通常又将这种按IEEE802.3规范生产的以太网产品简称为标准以太网。

标准以太网在物理层可以使用粗同轴电缆、细同轴电缆、非屏蔽双绞线、屏蔽双绞线、光纤等多种传输介质，并且在IEEE802.3标准中，为不同的传输介质制定了不同的物理层标准。其中常用的标准有10BASE－5、10BASE－2和10BASE－T等。

#### 2. 快速以太网

标准以太网以10 M的速率传输数据，而随着以太网的广泛应用，10 M速率已经不能使用大规模网络的应用，因此能否提供更高速率的传输成为以太网技术研究的一个新课题，快速以太网应运而生。快速以太网技术是由10BASE－T标准以太网发展而来，主要解决网络带宽在局域网络应用中的瓶颈问题。其协议标准为20世纪90年代末颁布的IEEE802.3u，可支持100 M的数据传输速率，并且与10BASE－T一样可支持共享式与交换式两种使用环境，在交换式以太网环境中可以实现全双工通信。IEEE802.3u在MAC子层仍采用CSMA/CD作为介质访问控制协议，并保留了IEEE802.3的帧格式。但是，为了实现100 M的传输速率，在物理层做了一些重要的改进。例如，在编码上，采用了效率更高的编码方式。标准以太网采用曼彻斯特编码，其优点是具有自带时钟特性，能够将数据和时钟编码在一起，但其编码效率只能达到1/2，即在具有20Mbps传送能力的介质中，只能传送10 Mbps的信号。所以快速以太网没有采用曼彻斯特编码，而采用 4B/5B 编码。100 Mbps 快速以太网标准可分为：100BASE－TX、100BASE－FX、100BASE－T4。

### 3. 千兆以太网

网速为 1 Gbps 的以太网称为千兆以太网，千兆以太网采用的标准是 802.3z，其要点如下：①允许在全双工和半双工两种方式下工作；②使用 802.3 协议规定的帧格式；③在半双工下使用 CSMA/CD 协议；④与 10BASE－T 和 100BASE－T 兼容。

千兆以太网在物理层共有两个标准：①1000BASE－X（802.3z 标准）是基于光纤通道的物理层；②1000BASE.T（802.3ab 标准）是使用 4 对 5 类 UTP，传送距离为100 米。

### 4. 万兆以太网

网速为 10000 Mbps 的以太网称为万兆以太网。其标准是 802.3ae，其特点如下：①与 10 Mbps、100 Mbps、1 Gbps 以太网的帧格式完全相同；②只使用光纤作为传输媒体；③只工作在全双工方式下。

### （二）令牌环网

令牌环网在物理层提供 4 Mbps 和 16 Mbps 两种传输速率；支持 STP/UTP 双绞线和光纤作为传输介质，但较多的是采用 STP，使用 STP 时计算机和集线器的最大距离可达 100 米，使用 UTP 时这个距离为 45 米。

令牌环网有一种专门的帧称为"令牌"，在环路上持续地传输来确定一个节点何时可以发送数据包。有这个令牌的才能有权利传送数据，如果一个节点（计算机）接到令牌但是没有数据传送，则把令牌传送到下一个节点。每个节点能够保留令牌的时间是有限制的。如果节点确实有数据要发送，它则获得令牌，修改令牌中的一个标识位，把令牌作为一个帧的开始部分，然后把数据（和目的地址）放在令牌后面传送到下一个节点，下一个节点看到令牌上被标记的那一位就明白现有人在用令牌，自己不能用。

使用令牌使得有数据传送的节点在没有令牌时除了等待什么也不能做，这就避免了冲突。令牌带着数据在环网上传送，直到到达目的节点，目的节点发现目的地址和自己的地址相同，将把帧中的数据复制下来，并在数据帧上进行标记，说明此帧已经被读过了。这个令牌继续在网上传送，直到回到发送节点，发送节点删除数据，并检查相应的位，看数据是否被目的节点接收并复制。

与以太网不同，令牌环中的等待时间是有限的，而且是早已确定好的，这对于一些要求可靠性和需要保证响应时间的网络来说非常重要。

### （三）FDDI

光纤分布式数据接口是一个高性能的光纤令牌环网标准，该标准于 20 世纪 80 年代末由美国国家标准局（ANSI）制定。FDDI 的 IEEE 协议标准为 IEEE802.7。FDDI 以光纤为传输介质，传输速率可达 100 Mbps，采用单环和双环两种拓扑结构。但为了提高网的健壮性，大多采用双环结构。主环进行正常的数据传输，次环为备用环，一旦主环链路发生故障，则备用环的相应链路就代行其工作，这样就使得 FDDI 具有较强的容错能力。

由于 FDDI 在早期局域网环境中具有宽带和可靠性优势，其主要应用于核心机房，办公室或建筑物群的主干网、校园网主干等。但随着以太网宽带的不断提高，可靠性的不断提升，以及成本的不断降低，FDDI 的优势已不复存在。FDDI 的应用日渐减少，现主要存在于一些早期建设的网络中。

## （四）无线局域网

传统局域网技术都要求用户通过特定的电缆和接头接入网络，无法满足日益增长的灵活性、移动性接入要求。无线局域网使计算机与计算机、计算机与网络之间可以在一个特定范围内进行快速的无线通信，因而在与便携式设备的互相促进中获得快速发展，等到了广泛应用。

WLAN 通过射频技术来实现数据传输。WLAN 设备通过诸如展频或正交频分复用这样的技术将数据信号在特定频率的电磁波中进行传送。

在 WLAN 网络中包含以下组件。

### 1．工作站

工作站是一个配备了无线网络设备的网络节点。具有无线网卡的个人 PC 机称为无线客户端。无线客户端能够直接相互通信或通过无线访问点进行通信。由于无线客户端采用了无线连接，因此具有可移动的功能。

### 2．无线 AP（无线接入点）

在典型的 WLAN 环境中，主要有发送和接收数据的设备，称为接入点/热点/网络桥接器。无线 AP 是在工作站和有线网络之间充当桥梁的无线网络节点，它的作用相当于原来的交换机或者是集线器，无线 AP 本身可以连接到其他的无线 AP，但是最终还要有一个无线设备接入有线网来实现互联网的接入。

无线 AP 类似于移动电话网络的基站。无线客户端通过无线 AP 同时与有线网络和其他无线客户端通信。无线 AP 是不可移动的，只用于充当扩展有线网络的外围桥梁。

在 WLAN 网络中，工作站使用自带的 WLAN 网卡，通过电磁波连接到无口线局域网接入点形成类似于星型的拓扑结构。

IEEE802.11 系列文档提供了 WLAN 标准。最初的 802.11 WLAN 工作于 2.4 GHz，提供 2 Mbps 带宽，后来又逐渐发展出工作于 2.4 GHz 的 11 Mbps 的 802.11b 和工作于 5 GHz 的 54 Mbps 的 802.11a，以及允许提供 54 Mbps 带宽的工作于 2.4 GHz 的 802.11 g。WLAN 的标准不断发展，日渐丰富和完善。

WLAN 具有使用方便、便于终端移动、部署迅速而低成本、规模易于扩展、提高工作效率等种种优点，因而获得了相当普及的应用。

然而 WLAN 也有一些固有的缺点，包括安全性差、稳定性低、连接范围受限、带宽低、电磁辐射潜在地威胁健康等问题。这些方面的问题如何解决也是 WLAN 技术发展的热点方向。

## （五）虚拟局域网

### 1．虚拟局域网概述

随着以太网技术的普及，以太网的规模也越来越大，从小型的办公环境到大型的园区网络，网络管理变得越来越复杂。首先，在采用共享介质的以太网中，所有节点位于同一冲突域中，同时也位于同一广播域中，即一个节点向网络中某些节点的广播会被网络中所有的节点所接收，造成很大的带宽资源和主机处理能力的浪费。为了解决传统以太网的冲突域问题，采用交换机对网段进行逻辑划分。但是，交换机虽然能解决冲突域问题，却不能克服广播域问题。

虚拟局域网应运而生。虚拟局域网是以局域网交换机为基础，通过交换机软件实现根据功能、部门、应用等因素将设备或用户组成虚拟工作组或逻辑网段的技术，其最大的特点是在组成逻辑网时无须考虑用户或设备在网络中的物理位置。VLAN 可以在同一个交换机或者跨交换机实现。

### 2．虚拟局域网的优点

采用 VLAN 后，在不增加设备投资的前提下，可在许多方面提高网络的性能，并简化网络的管理。具体表现在以下几个方面。

（1）广播风暴防范

限制网络上的广播，将网络划分为多个 VLAN 可减少参与广播风暴的设备数量。VLAN 分段可以防止广播风暴波及整个网络。VLAN 可以提供建立防火墙的机制，防止交换网络的过量广播。使用 VLAN，可以将某个交换端口或用户赋于某一个特定的VLAN 组，该 VLAN 组可以在一个交换网中或跨接多个交换机，在一个 VLAN 中的广播不会送到 VLAN 之外。同样，相邻的端口不会收到其他 VLAN 产生的广播。这样可以减少广播流量，释放带宽给用户应用，减少广播的产生。

（2）增强局域网的安全性

含有敏感数据的用户组可与网络的其余部分隔离，从而降低泄露机密信息的可能性。不同 VLAN 内的报文在传输时是相互隔离的，即一个 VLAN 内的用户不能和其他VLAN 内的用户直接通信，如果不同 VLAN 要进行通信，则需要通过路由器或三层交换机等三层设备。

（3）成本降低

成本高昂的网络升级需求减少，现有带宽和上行链路的利用率更高，因此可节约成本。

（4）简化项目管理或应用管理

VLAN 将用户和网络设备聚合到一起，以支持商业需求或地域上的需求。通过职能划分，项目管理或特殊应用的处理都变得十分方便，例如可以轻松管理教师的电子教学开发平台。此外，也很容易确定升级网络服务的影响范围。

（5）增加了网络连接的灵活性

借助 VLAN 技术，能将不同地点、不同网络、不同用户组合在一起，形成一个虚拟的网络环境，就像使用本地 LAN 一样方便、灵活、有效。VLAN 可以降低移动或变更工作站地理位置的管理费用，特别是一些业务情况有经常性变动的公司使用了VLAN 后，管理费用会大大降低。

## 三、VLAN 的划分

### （一）根据端口来划分 VLAN

许多 VLAN 厂商都利用交换机的端口来划分 VLAN 成员。被设定的端口都在同一个广播域中。例如，一个交换机的 1、2、3、4、5 端口被定义为虚拟网 AAA，同一交换机的 6、7、8 端口组成虚拟网 BBB。这样做允许各端口之间的通信，并允许共享型网络的升级。但这种划分模式将虚拟网限制在一台交换机上。

第二代端口 VLAN 技术允许跨越多个交换机的多个不同端口划分 VLAN，不同交换机上的若干个端口可以组成同一个虚拟网。

以交换机端口来划分网络成员，其配置过程简单明了。因此，从目前来看，这种根据端口来划分 VLAN 的方式仍然是最常用的一种方式。

## （二）根据 MAC 地址划分 VLAN

这种划分 VLAN 的方法是根据每个主机的 MAC 地址来划分，即对每个 MAC 地址的主机都配置它属于哪个组。这种划分 VLAN 方法的最大优点就是当用户物理位置移动时，即从一个交换机换到其他的交换机时，VLAN 不用重新配置。所以，可以认为这种根据 MAC 地址的划分方法是基于用户的 VLAN，这种方法的缺点是初始化时，所有的用户都必须进行配置，如果有几百个甚至上千个用户的话，配置是非常费时的。而且这种划分的方法也导致了交换机执行效率的降低，因为在每一个交换机的端口都可能存在很多个 VLAN 组的成员，这样就无法限制广播了。另外，对于使用笔记本电脑的用户来说，他们的网卡可能经常更换，这样，VLAN 就必须不停地配置。

## （三）根据网络层划分 VLAN

这种划分 VLAN 的方法是根据每个主机的网络层地址或协议类型（如果支持多协议）划分的，虽然这种划分方法是根据网络地址，比如 IP 地址，但它不是路由，与网络层的路由毫无关系。

这种方法的优点是用户的物理位置改变了，不需要重新配置所属的 VLAN，而且可以根据协议类型来划分 VLAN，这对网络管理者来说很重要。还有，这种方法不需要附加的帧标签来识别 VLAN，可以减少网络的通信量。

这种方法的缺点是效率低，因为检查每一个数据包的网络层地址是需要消耗处理时间的（相对于前面两种方法），一般的交换机芯片都可以自动检查网络上数据包的以太网帧头，但要让芯片能检查 IP 帧头，需要更高的技术，同时也更费时。当然，这与各个厂商的实现方法有关。

# 四、局域网环境背景下的计算机网络安全技术应用分析

## （一）局域网环境下网络安全的重要性

局域网是指限定的区域内联合多台计算机组成的计算机组网络，与互联网相比局域网具备更强的稳定性，且规范性显著，通常将其分成无线、有线两种方式，具有较高的数据传输效率。值得注意的是，局域网所面临的网络安全威胁也不可小觑，为有效控制风险，还需采取科学的控制技术。局域网环境中的计算机网络安全，不仅仅体现在技术方面，还表现在管理方面，因此，为了更好地解决问题还应构建一套完善的解决方案，加强技术来防御。

网络安全通常是指对网络软件、硬件、系统数据的保护，避免数据泄露，信息丢

失情况的发生，确保网络服务的连续性与稳定性。网络安全管理则是指利用网络管理技术、安全防范技术、人工智能技术等开展安全防范，通过安全管理手段可进一步提升系统的攻击能力。

总的来说，网络技术的发展带动了我国经济，科技的发展速度，在一定程度上改变了人们的生活与学习方式，局域网作为互联网不可缺少的部分，与用户的利益存在密切的关联，一旦遭遇风险便会导致信息泄露。相关研究显示，影响局域网安全的因素主要分为主观、客观两个维度，通过对风险形成原因的分析来制定科学的应对方案，充分维护用户的安全，提升局域网完整性。

### (二) 局域网环境背景下计算机网络安全现状

现阶段，全球范围内数字化得到了广泛应用，改变了人们的生活方式，然而从实际情况来看，计算机网络在实际运用当中出现了一些问题，尤其表现在网络安全方面。从一方面来看，广域网的建立促使计算机安全防御体系的有效构建，如：防火墙的设置、漏洞的扫描等，通过这些手段可进一步降低来自外网的安全威胁。

局域网环境背景下计算机网络安全现状不容乐观，这些问题若不及时解决将影响网络系统的运行效率，导致各种网络风险的发生。

### (三) 局域网环境背景下计算机网络安全技术的实际应用

现如今，计算机网络技术的广泛应用，极大地加速了当今社会的发展，它把人类带入了一个全新的时代，给人们的学习、工作、生活等各方面带来了前所未有的便利。为了提升计算机网络安全的管理水平，推动计算机事业的全面发展，还应采取行之有效的实施对策，对病毒防御体系不断完善，提升用户的安全意识，建立健全网络安全管理制度，对数据加密技术有效创新，加强对操作人员的网络安全培训。

#### 1. 对病毒防御体系不断完善

为防止计算机运行风险的发生，还应采取完善的病毒防御体系，根据网络的运行特点做好针对性保护工作，满足用户的实际需求。例如：将防火墙以及网络病毒入侵防护系统结合起来，做好日常网络安全的管理与监测，如若发现异常的问题，确保在第一时间来解决。与此同时，用户还应对电脑进行定期杀毒，及时更新杀毒软件以及病毒库，做好计算机整体防护，为人们提供优质的服务。

#### 2. 提升用户的安全意识

在计算机网络使用过程当中，还应对用户展开培训，这是由于部分用户在计算机使用中受自身操作行为及意识影响，增加了病毒入侵的频率，增大了网络安全隐患。在这种情况之下，相关部门还应对安全观念充分树立，定期开展宣教活动，告知用户网络使用安全性的重要程度，降低信息泄露等情况发生。为满足计算机事业发展需求，相关部门还可邀请专家对病毒的特点，威胁详细介绍，确保计算机使用的安全性。

#### 3. 建立健全网络安全管理制度

为提升网络运行的安全水平，还应对网络安全管理制度不断健全，对目前存在的问题有效明确，同时采取针对性管理措施，对传统制度中的漏洞及时清除，将制度优势充分发挥出来。就目前来说，影响计算机安全的因素较多，仅仅采取网络安全系统难以发挥作用，相关部门应对安全方案全面设计，为计算机提供良好的服务。

#### 4．对数据加密技术有效创新

在计算机网络当中应用数据加密技术，可促进网络安全性的提升，因此，相关人员需对该技术充分优化，将其应用价值发挥出来，确保信息数据的安全性，从而更好地满足时代发展的需求。在计算机网络运行中应用数据加密技术不仅可确保信息传输的安全性，还可保证信息存储的安全，避免信息泄露情况的出现，为人们营造一个相对安全的网络环境。与此同时，还应对数据做好备份，以防数据丢失，为计算机网络安全提供保障。

#### 5．加强对操作人员的网络安全培训

为保障计算机网络运行的安全，相关部门还需对操作人员加强管理与培训，同时制定完善的网络安全管理制度，严格限制对内外网的访问，以免在内外网切换中带入病毒，从而严重破坏局域网。在网络安全培训当中，应将网络的安全，病毒的种类，预防网络风险的措施等内容纳入其中，提高操作人员的操作水平，夯实其理论知识。通过相关对策的应用，提升计算机网络信息安全性水平，为人们的生活、生产带来更多的便利，同时促进我国网络事业的全面发展。为提升计算机网络信息的安全性，还应加强对信息技术人才的培训，定期组织培训教育活动，强化信息人才的综合素质水平，为网络的安全提供更多的保障。

#### 6．合理运用入侵检测技术

随着现代科技日新月异的发展，计算机技术得到了优化，在计算机系统运行的过程中，网络安全问题日益凸显，受到了全社会的关注。为了解决网络安全问题防范风险事件的发生，还应将入侵检测技术运用其中。在计算机网络运行过程中，难免会存在异常现象，如若未能及时察觉，便会对系统安全造成威胁。因此合理应用入侵检测技术，可有效察觉到攻击者的具体行为，通过一定的防护手段避免不良现象的持续进行。除此以外，入侵检测系统分为，误用检测、异常检测等，相关人员通过合理应用该技术，来达到预期的干预效果。

#### 7．科学应用防火墙技术

为了防止网络威胁的发生，运用防火墙技术至关重要，但网络安全与多方面因素有关，相关人员还应将防火墙技术与网络安全有机结合，从而保障计算机系统的高效运行，为人们提供更好的安全服务。为保障网络主机的应用安全性，可科学运用防火墙技术，通过合理组合系统软件，计算机系统硬件来构成网络安全的屏障，形成防火墙来预防黑客的攻击。在计算机网络中防火墙技术的重要性十分突出，可确保网络内部结构，运行状态的安全性，通过对外网与内网的安装保证网络系统整体的稳定性。

#### 8．采取漏洞扫描技术以及防病毒技术

在计算机网络运行中，一旦发生系统漏洞则会威胁到网络的安全，从而遭受黑客的攻击，为提高系统的安全性，还应将漏洞扫描技术应用其中，对网络系统有效维护，充分消除漏洞安全，提升系统的安全防护水平。值得注意的是，在漏洞扫描技术的应用中，还应根据局域网运行的特点以及用户的需求对扫描工具合理选择。局域网环境下，病毒的传染性极强，为了进一步消除病毒，还应提前做好防病毒工作，对机房管理制度积极构建，避免因操作不规范形成病毒的传播；与此同时，还应对工作人员进

行思想教育培训，进一步提升其防病毒的意识水平；最后，还可利用离线升级包来更新相关的软件。

总的来说，局域网络安全不仅需要采取网络安全技术，还需加强网络安全管理制度的构建，只有这样才能避免网络风险的发生。与此同时工作人员还需将科学的技术手段结合在一起，提高计算机网络安全的可靠性以及完整性，促进互联网有序运行。

# 第二节　网络互联技术及其发展

## 一、网络层概述

无论在 OSI 参考模型还是在 TCP/IP 体系结构中，网络层是最核心的一层，网络层的主要功能是根据路由信息完成数据包文的转发。路由就是指报文发送的路径信息。网络层检查网络拓扑，以决定传输报文的最佳路由，找到数据包应该转发的下一个网络设备，然后利用网络层协议封装数据包文，再利用下层提供的服务把数据转发到下一个网络设备。

运行在网络层的协议主要包括如下内容：①网际协议，负责网络层寻址、路由选择、分段及包重组；②地址解析协议，负责把网络层地址解析成物理地址，比如 MAC 地址；③逆向地址解析协议，负责把硬件地址解析成网络层地址；④互联网控制消息协议，负责提供诊断功能，报告由于 IP 数据包投递失败而导致的错误；⑤互联网组管理协议，负责管理 IP 组播组。

## 二、IP 协议及 IP 地址

### （一）IP 协议

IP 协议又称因特网协议是一个网络层可路由协议，它包含寻址信息和控制信息，可使数据包在网络中路由。IP 协议是 TCP/IP 协议族中的主要网络层协议，与 TCP 协议结合组成整个互联网协议的核心协议，所有的 TCP、UDP 和 ICMP 等数据包都要最终封装在 IP 报文中传输。IP 协议应用于局域网和广域网通信。

IP 协议有两个基本任务：提供无连接的和最有效的数据包传送；提供数据包的分片与重组用来支持不同最大传输单元大小的数据链接。对于互联网络中 IP 数据包的路由选择处理，IP 协议有一套完善的 IP 寻址方式。每一个 IP 地址都有其特定的组成但同时遵循基本格式。IP 地址可以进行细分并可用于建立子网地址。TCP/IP 网络中的每台计算机都被分配了一个唯一的 32 位逻辑地址，这个地址分为两个主要部分：网络号和主机号。网络号用以确认网络，如果该网络是因特网的一部分，其网络号必须由 InterNIC 统一分配。一个网络服务器供应商（ISP）可以从 InterNIC 那里获得一块网络地址，按照需要自己分配地址空间。主机号确认网络中的主机，它由本地网络管理员分配。

当发送或接收数据时，消息分成若干个块，也就是我们所说的"包"。每个包既包含发送者的网络地址又包含接收者的地址。由于消息被划分为大量的包，若需要，每个包都可以通过不同的网络路径发送出去。包到达时的顺序不一定和发送顺序相同，IP 协议只用于发送包，而 TCP 负责将其按正确顺序排列。

## （二）IP 地址概述

在互联网中使用 TCP/IP 协议的每台设备，它们都有一个物理地址就是 MAC 地址，这个地址是固化在网卡中并且是全球唯一的，可以用来区分每一个设备，但同时也有一个或者是多个逻辑地址，就是 IP 地址，这个地址是可以修改变动的，并且这个地址却不一定是全球唯一的，但是它在当今互联网的通信中占了举足轻重地位，为什么呢？

如果在同一个局域网中，如果有数据发送时，可以直接查找对方的 MAC 地址，并使用 MAC 地址进行数据传送，但是如果不在同一个局域中要想在全球的互联网当中，使用 MAC 地址找出要传送的目的主机，这将非常困难，即使能够找到也将会花费大量的时间与带宽，所以这时就要用到 IP 地址，IP 地址的特点是具有层次结构，利用它的层次结构的特点，实现在特定的范围内寻找特定目的主机，比如只查找中国特定的省份的特定市，甚至是特定市特定单位的主机地址，这样就大大提高了寻址效率。

## （三）IP 地址的表示方法

在计算机内所有的信息都是采用二进制数表示，IP 地址也不例外。IP 地址的 32 位二进制数难以记忆，所以人们通常把它分成四段，每段 8 个二进制，并把它们用十进制表示，这样记起来就容易得多了。

## （四）IP 地址的分类

IP 地址采用 32 个二进制表示，为了更好地管理和使用 IP 地址资源，InterNIC 将 IP 地址资源划分为 5 类，分别为 A 类、B 类、C 类、D 类和 E 类，每一类地址定义了网络数量，也就是定义了网络号占用的位数，和主机号占用的位数，从而也确定了每个网络中能容纳的主机数量，下面详细介绍各类地址。

### 1. A 类

A 类 IP 地址的最高位为 "0"，接下来的 7 位表示网络号，其余的 24 位作为主机号，所以 A 类的网络地址范围为 00000001～01111110，用十进制表示就是 1～126 之间（0 和 127 留作别用以面再讲），A 类共有 $2^7-2=126$ 个网络，每个网络会有 $2^{24}-2=16777214$ 台主机，适合分配给大型机构。

### 2. B 类

B 类 IP 地址的前两位值为 "10"，接下来的 14 位表示网络号，其余的 16 位作为主机号，用十进制表示就是 128～191 之间，B 类共有 $2^{14}-2=16384$ 个网络，每个网络会有 $2^{16}-2=65534$ 台主机，适合分配给中型机构。

### 3. C 类

C 类 IP 地址的前三位设为 "110"，接下来的 21 位表示网络号，其余的 8 位作为主机号，用十进制表示就是 192～223 之间，C 类共有 $2^{21}-2=2097152$ 个网络，每个网络会有 $2^8-2254$ 台主机，比较适合小型网络。

### 4. D 类

D 类 IP 地址的前四位设为 "1110"，凡以此数开头的地址就被视为 D 类地址，这类地址只用来进行组播。利用组播地址可以把数据发送到特定的多个主机。当然发送组播需要特殊的路由配置，在默认情况下，它不会转发。

### 5. E 类

E 类 IP 地址的前四位设为"1111"，也就是在 240～254 之间，凡以此类数开头的地址就被视为 E 类地址。E 类地址不是用来分配用户使用，只是用来进行实验和科学研究。

### （五）特殊的 IP 地址

在互联网中出于特殊需要，也就产生了一些特殊的地址，比如网络地址，广播地址，回环测试地址等。

#### 1. 网络地址

网络地址即一个有效的网络号和一个全"0"的主机号。

在国际互联网中会常常使用网络地址。IP 地址方案规划中规定，一个 IP 地址中所有的主机号为零，那么这个地址就称为本网络中的网络地址。

另外还有一种特殊的网络地址，就是所有二进制位都为 0，这样的地址也是网络地址，它所代表的是全网，在路由器中代表默认路由。

#### 2. 直接广播地址

直接广播地址即一个有效的网络号和一个全"1"的主机号。

所谓的广播就是向有效的范围内的所有用户发送信息的地址，我们可以把它认定为最大的组播范围。它主要就是为了使一定范围内的设备都能收到一个相同的广播，因而就必须采用一个特别的 IP 地址，这个地址被定义为广播地址，通常是把主机号为 1 的地址叫做广播地址。

#### 3. 有限广播地址：255.255.255.255

将广播限制在最小的范围内，如果是标准的 IP 编址，广播将被限制在本网络之中；如果是子网编址，广播被限制在本子网之中。发送有限广播前不需要知道网络号。

#### 4. 回环测试地址

IP 地址分类中少了 127 开头的地址就是为了回环测试使用的地址，比如：127.0.0.1。

这样的地址发送出去的数据不会发送到交换机，更不会发送到互联网，只会在本机内部传送，适合网络编程开发人员使用，当然用来测试网络程序也十分方便。

#### 5. 私有地址

私有地址属于非注册地址，专门为组织机构内部使用。例如，学校的机房里，企业内部网络等。这些地址不能存在于互联网上，但可以在被各地组织机构在内部通信中重复使用，这样可以有效地节约公网地址。

当网络中的 DHCP 服务器有故障或者地址分配完时，或者 DHCP 客户机联系不上 DHCP 服务器时，DHCP 客户机会自动使用一个 169.254.0.1～169.254.255.254 的地址中选择一个地址配置给网卡，这类地址即称为"Microsoft 自动私有地址"。

### （六）子网的划分

为什么还要对网络进行子网划分呢？这是因为在当今巨大的互联网中，出于网络安全、地址充分使用等原因需要对原来的 IP 地址按照一定的规则进行划分，这就是子网划分技术。

在原有的 IP 地址模式中，只用网络号就可以区分一个单独的物理网络，在使用了子网划分技术后，网络号就变成了由原来的网络号再加上子网络号，这样才是一个真正的网络号，很明显使用了这样的技术后原来的网络数量会增加，但主机数量减少了，正好可以在一定程度上避免 IP 地址的浪费，另外也可以减少广播风暴并增强网络的安全性，便于网络的管理。

在使用了子网划分技术后，应该从哪里开始借用主机号呢？借多少才合适呢？为了解决这些问题，在 TCP/IP 中采用了子网掩码的方法。

### （七）IPv6 地址概述

#### 1．IPv6 具有丰富的地址资源空间

IPv4 中规定 IP 地址长度为 32，即有 $2^{32}-1$ 个地址；而 IPv6 中 IP 地址的长度为 128，即有 $2^{128}-1$ 个地址，让每一个家电都拥有一个 IP 地址，这让全球数字化家庭的方案实施变成了可能。

#### 2．IPv6 使用更小的路由表

IPv6 的地址分配一开始就遵循聚类的原则，这使得路由器能在路由表中用一条记录表示一片子网，大大减少了路由器中路由表的长度，提高了路由器转发数据包的速度，提高了效率。

#### 3．IPv6 增加了增强的组播支持以及对流的支持

这使得网络上的多媒体应用有了长足发展的机会，为服务质量控制提供了良好的网络平台。

#### 4．IPv6 采用全新的地址配置方式

为了简化主机地址配置，IPv6 除了支持手工地址配置和有状态自动地址配置外，还支持一种无状态地址配置技术。在无状态地址配置中，网络上的主机能自动给自己配置 IPv6 地址。在同一链路上，所有的主机不用人工干预就可以通信。

#### 5．IPv6 具有更高的安全性

在使用 IPv6 网络中用户可以对网络层的数据进行加密并对 IP 报文进行校验，极大地增强了网络的安全性。

## 三、网络层其他重要协议

### （一）ARP 协议

ARP 协议又称地址解析协议，在整个互联网中，IP 地址屏蔽了各个物理网络地址的差异，通过数据"包"中的 IP 地址，找到对方主机，实现全球互联网的所有主机通信，但是数据到了局域网中，网络中实际传输的是"帧"，帧里面是有目标主机的 MAC 地址，也就是硬件地址。在以太网中，一个主机要和另一个主机进行直接通信，必须知道目标主机的 MAC 地址，从 IP 地址变成 MAC 地址这个工作就是通过 ARP 协议进行的。

### （二）RARP 协议

RARP 协议逆地址解析协议，从名字可以知道它的主要作用是把原有的硬件地址

解析为 IP 地址，当然也是应用到局域网中。什么情况下会用到这种协议呢？

有种电脑叫做无盘工作站，它自己没有硬盘，其他什么都有，当然也就没有操作系统更没有 IP 地址。在它启动时只有硬件地址，电脑想要工作是需要操作系统的，所以它利用 RARP 协议向服务器申请一个 IP 地址，这个过程也就是 RARP 的解析过程。无盘工作站是典型的 RARP 应用，在容量为 1 G 的硬盘要千元的年代它的应用更是让人兴奋不已，大大地节约了实际硬件成本，近些年依然广泛使用在金融和证券机构中，以保持数据的安全与可靠。

### （三）ICMP 协议

ICMP 协议是 Internet 控制消息协议的缩写。它是 TCP/IP 协议的一个子协议，用于在 IP 主机、路由器之间传递控制消息，包括差错信息及其他需要注意的信息。调试控制消息是指网络通不通、主机是否可达、路由是否可用等网络本身的消息。这些控制消息虽然并不传输用户数据，但是对于用户数据的传递起着重要的作用。

## 四、路由器

### （一）路由器简介

#### 1. 路由器的基本概念

由于当前社会信息化的不断推进，人们对数据通信的需求日益增加。自 TCP/IP 体系结构于 20 世纪 70 年代中期推出以来，现已发展成为网络层通信协议的事实标准，基于 TCP/IP 的互联网络也成了最大、最重要的网络。路由器作为 TCP/IP 网络的核心设备已经得到空前广泛的应用，其技术已成为当前信息产业的关键技术，其设备本身在数据通信中起到越来越重要的作用。同时由于路由器设备功能强大，且技术复杂，各厂家对路由器的实现有太多的选择性。

要了解路由器，首先要知道什么是路由选择，路由选择指网络中的节点根据通信网络的情况，按照一定的策略，选择一条可用的传输路径，把信息发往目的地。路由器就是具有路由选择功能的设备。它工作于网络层，负责不同网络之间的数据包的存储和分组转发，是用于连接多个逻辑上分开的网络（所谓逻辑网络是代表一个单独的网络或者一个子网）的网络设备。

#### 2. 路由器的功能与分类

路由器作为互联网上的重要设备，有着许多功能，主要包括以下几个方面。

（1）接口功能

接口功能用作将路由器连接到网络。可以分为局域网接口及广域网接口两种。局域网接口主要包括以太网、FDDI 等网络接口，广域网主要包括 E1/T1、E3/T3、DS3、通用串行口等网络接口。

（2）通信协议功能

该功能负责处理通信协议，可以包括 TCP/IP、PPP、X.25、帧中继等协议。

（3）数据包转发功能

该功能主要负责按照路由表内容在不同路由器各端口（包括逻辑端口）间转发数据包并且改写链路层数据包头信息。

（4）路由信息维护功能

该功能负责运行路由协议并维护路由表。路由协议可包括 RIP、OSPF、BGP 等协议。

（5）管理控制功能

路由器管理控制功能包括五个功能：SNMP（简单网络管理协议）代理功能、Tel-net 服务器功能、本地管理、远端监控和 RMON（远程监视）功能。通过五种不同的途径对路由器进行控制管理，并且允许记录日志。

（6）安全功能

该功能用于完成数据包过滤、地址转换、访问控制、数据加密、防火墙以及地址分配等。

当前路由器分类方法有许多种，各种分类方法存在着一些联系，但是并不完全一致。具体来说，可以分为以下几个方面：

①从结构上分，路由器可分为模块化结构与非模块化结构，通常中高端路由器为模块化结构，可以根据需要添加各种功能模块，低端路由器为非模块化结构。

②从网络位置划分，路由器可分为核心路由器与接入路由器。核心路由器位于网络中心，通常使用高端路由器，要求具有快速的包交换能力与高速的网络接口，通常是模块化结构；接入路由器位于网络边缘，通常使用中低端路由器，要求相对低速的端口以及较强的接入控制能力，通常是非模块化结构。

③从功能上划分，路由器可分为"骨干级路由器""企业级路由器"和"接入级路由器"。"骨干级路由器"是实现企业级网络互连的关键设备，它数据吞吐量较大，非常重要。"企业级路由器"连接许多终端系统，连接对象较多，但系统相对简单，且数据流量较小，对这类路由器的要求是以尽量便宜的方法实现尽可能多的端点互连，同时还要求能够支持不同的服务质量。"接入级路由器"主要应用于连接家庭或 ISP 内的小型企业客户群体。

### 3. 路由器结构

目前市场上路由器的种类很多。尽管不同类型的路由器在处理能力和所支持的接口数上有所不同，但它们核心的部件却是一样的。例如，都有 CPU、ROM、RAM、I/O 等硬件，只是在类型、大小，以及 I/O 端口的数目上根据产品的不同各有相应的变化。其硬件和计算机类似，实际上就是一种特殊用途的计算机。接口除了提供固定的以太网口和广域网口以外，还有配置口、备份口及其他接口。

路由器的软件是系统平台，华为公司的软件系统是通用路由平台，其体系结构实现了数据链路层、网络层和应用层多种协议，由实时操作系统内核、IP 引擎、路由处理和配置功能模块等基本组件构成。

Cisco 公司的软件系统是 Cisco 互联网络操作系统（IOS），被用来传送网络服务，并启用网络应用程序，IOS 令行界面用来配置 Cisco IOS 路由器。

## （二）路由的基本原理

在现实生活中，我们都寄过信。邮局负责接收所有本地信件，然后根据它们的目的地将它们送往不同的目的城市。再由目的城市的邮局将它送到收信人的邮箱。

而在互联网络中，路由器的功能就类似于邮局。它负责接收本地网络的所有 IP 数据包，然后再根据它们的目的 IP 地址，将它们转发到目的网络。当到达目的网络后，再由目的网络传输给目的主机。

### 1. 路由表

路由器利用路由选择进行 IP 数据包转发时，一般采用表驱动的路由选择算法。与交换机类似，路由器当中也有一张非常重要的表——路由表。路由表用来存放目的地址以及如何到达目的地址的信息。这里要特别注意一个问题，互联网包含成千上万台计算机，如果每张路由表都存放到达所有目的主机的信息，不但需要巨大的内存资源，而且需要很长的路由表查询时间，这显然是不可能的。所以路由表中存放的不是目的主机的 IP 地址，而是目的网络的网络地址。当 IP 数据包到达目的网络后，再由目的网络传输给目的主机。

一个通用的 IP 路由表通常包含许多（M，N，R）三元组，M 表示子网掩码，N 表示目的网络地址（注意是网络地址，不是网络上普通主机的 IP 地址），R 表示到网络 N 路径上的"下一个"路由器的 IP 地址。

### 2. 路由表中的两种特殊路由

为了缩小路由表的长度，减少查询路由表的时间，我们用网络地址作为路由表中下一路由器的地址，但也有两种特殊情况。

（1）默认路由

默认路由指在路由选择中，在没明确指出某一数据包的转发路径时，为进行数据转发的路由设备设置一个默认路径。也就是说，如果有数据包需要其转发，则直接转发到默认路径的下一跳地址。这样做的好处是可以更好地隐藏互联网细节，进一步缩小路由表的长度。在路由选择算法中，默认路由的子网掩码是 0.0.0.0，目的网络是 0.0.0.0，下一路由器地址就是要进行数据转发的第一个路由器的 IP 地址。

（2）特定主机路由

特定主机路由在路由表中为某一个主机建立一个单独的路由表项，目的地址不是网络地址，而是那个特定主机实际的 IP 地址，子网掩码是特定的 255.255.255.255，下一路由器地址和普通路由表项相同。互联网上的某一些主机比较特殊，比如说服务器，通过设立特定主机路由表项，可以更加方便管理员对它的管理，安全性和控制性更好。

## 五、静态路由与动态路由

第四章内容讲到路由的原理，路由表决定了路由选择的具体方向，如果路由表出现问题，IP 数据包是无法到达目的地的。路由可以分为两类：静态路由和动态路由，静态路由一般是由管理员手工设置的路由，而动态路由则是路由器中的动态路由协议根据网络拓扑情况和特定的要求自动生成的路由条目。静态路由的好处是网络寻址快捷，动态路由的好处是对网络变化的适应性强。

### （一）静态路由

静态路由是由网络管理员在路由器上手工添加路由信息来实现的路由。当网络的结构或链路的状态发生改变时，网络管理员必须手工对路由表中相关的静态路由信息进行修改。

　　静态路由信息在默认状态下是私有的，不会发送给其他的路由器。当然，通过对路由器手工设置也可以使之成为共享的。一般的静态路由设置经过保存后重启路由器都不会消失，但相应端口关闭或失效时就会有相应的静态路由消失。静态路由的优先级很高，当静态路由和动态路由冲突时，要遵循静态路由来执行路由选择。

　　既然是手工设置的路由信息，那么管理员就更容易了解整个网络的拓扑结构，更容易配置路由信息，网络安全的保密性也就越高，当然这是在网络不太复杂的情况下。

　　如果网络结构较复杂，就没办法手工配置路由信息了，这是静态路由的一个缺点：一方面，网络管理员难以全面地了解整个网络的拓扑结构；另一方面，当网络的拓扑结构和链路状态发生变化时，路由器中的静态路由信息需要大范围地调整，这一工作的难度和复杂程度非常高；另一个缺点就是如果静态路由手工配置错误，数据将无法转发到目的地。

## （二）动态路由

　　动态路由是指路由器能够通过一定的路由协议和算法，自动地建立自己的路由表，并且能够根据拓扑结构和实际通信量的变化适时地进行调整。

　　动态路由有更好的自主性和灵活性，适合于拓扑结构复杂、网络规模庞大的互联网络环境。一旦网络当中的某一路径出现了问题，使得数据不能在此路径上转发，动态路由可以根据实际情况更改路径。

# 六、路由协议

　　对于动态路由来说，路由协议的选择，将会直接影响网络性能。不同类型的网络要选择不同的路由协议，路由协议分为内部网关协议和外部网关协议。应用最广泛的内部网关路由协议包括路由信息协议（RIP）和开放式最短路径优先协议（OSPF）；外部网关协议是边缘网关协议 BGP。

## （一）路由信息协议（RIP）

　　路由信息协议是早期互联网最为流行的路由选择协议，使用向量—距离路由选择算法，即路由器根据距离选择路由，所以也称为距离向量协议。路由器收集所有可到达目的地的不同路径，并且保存有关到达每个目的地的最少站点数的路径信息，除到达目的地的最佳路径外，任何其他信息均予以丢弃。同时路由器也把所收集的路由信息用 RIP 协议通知相邻的其他路由器。这样，正确的路由信息逐渐扩散到了全网。

　　RIP 路由器每隔 30 秒触发一次路由表刷新。刷新计时器用于记录时间量。一旦时间到，RIP 节点就会产生一系列包含自身全部路由表的报文。这些报文广播到每一个相邻节点。因此，每一个 RIP 路由器大约每隔 30 秒钟应收到从每个相邻 RIP 节点发来的更新。

　　RIP 路由器要求在每个广播周期内，都能收到邻近路由器的路由信息，如果不能收到，路由器将会放弃这条路由：如果在 90 秒内没有收到，路由器将用其他邻近的具有相同跳跃次数（hop）的路由取代这条路由；如果在 180 秒内没有收到，该邻近的路由器被认为不可达。

RIP 使用非常广泛，它简单、可靠，便于配置。但是 RIP 只适用于小型的同构网络，因为它允许的最大站点数为 15，任何超过 15 个站点的目的地均被标记为不可达。而且 RIP 每隔 30 秒一次的路由信息广播也是造成网络的广播风暴的重要原因之一。

## （二）开放式最短路径优先协议（OSPF）

在众多的路由技术中，开放式最短路径优先协议已成为目前 Internet 广域网和 Intranet 企业网采用最多、应用最广泛的路由技术之一。OSPF 是基于链路—状态算法的路由选择协议，它克服了 RIP 的许多缺陷，是一个重要的路由协议。

### 1. 链路—状态算法

要了解开放式最短路径优先协议 OSPF，必须先理解它采用的链路—状态算法，其基本思想是将每一个路由器作为根（Root）来计算其到每一个目的地路由器的距离，每一个路由器根据一个统一的数据库计算出路由区域的拓扑结构图，该结构图类似于一棵树，在 SPF 算法中，被称为最短路径树。

链路—状态算法具体可分为以下三个过程：

①在路由器刚开启初始化或者网络的结构发生变化时，路由器会生成链路状态广播数据包 LSA，该数据包里包含与此路由器相连的所有端口的状态信息，网络结构的变化，比如说有路由器的增减，链路状态的变化等。

②接着各个路由器通过刷新 Flooding 的方式来交换各自知道的路由状态信息。刷新是指某路由器将自己生成的 LSA 数据包发送给所有与之相邻的执行 OSPF 协议的路由器，这些相邻的路由器根据收到的刷新信息更新自己的数据库，并将该链路状态信息转发给与之相邻的其他路由器，直至达到一个相对平静的过程。

③当整个区域的网络相对平静下来，或者说 OSPF 路由协议收敛起来，区域里所有的路由器会根据自己的链路状态数据库计算出自己的路由表。收敛指当一个网络中的所有路由器都运行着相同的、精确的、足以反映当前网络拓扑结构的路由信息。

在整个过程完成后，网络上数据包就根据各个路由器生成的路由表转发。这时，网络中传递的链路状态信息很少，达到了一个相对稳定的状态，直到网络结构再次发生较大变化。这是链路—状态算法的一个特性，也是区别于距离—矢量算法的重要标志。

### 2. OSPF 的分区概念

OSPF 是一种分层次的路由协议，其层次中最大的实体是自治系统 AS（即遵循共同路由策略管理下的一部分网络实体）。在一个 AS 中，网络被划分为若干个不同的区域，每个区域都有自己特定的标识号。对于主干区域，负责在区域之间分发链路状态信息。

这种分层次的网络结构是根据 OSPF 的实际需要出来的。当网络中自治系统非常大时，网络拓扑数据库的信息内容就非常多，所以如果不分层次的话，一方面容易造成数据库溢出，另一方面当网络中某一链路状态发生变化时，会引起整个网络中每个节点都重新计算一遍自己的路由表，既浪费资源与时间，又会影响路由协议的性能（如聚合速度、稳定性、灵活性等）。因此，需要把自治系统划分为多个区域，每个域内部维持本区域一张唯一的拓扑结构图，且各区域根据自己的拓扑图各自计算路由，区域边界路由器把各个区域的内部路由总结后在区域间扩散。

这样，当网络中的某条链路状态发生变化时，此链路所在的区域中的每个路由器重新计算本区域路由表。而其他区域中路由器只需修改其路由表中的相应条目而无须重新计算整个路由表，节省了计算路由表的时间。

## 七、计算机通信的网络互联技术发展

### （一）给人们生产生活带来极大便捷

在计算机通信的网络互联技术应用下，人们足不出户就可以完成工作上的任务和学习上的任务，节省了很多时间，同时也解放了人们的双手，去完成更多事情和任务，极大提高了工作效率。而对于一些机械化的企业来说，通过计算机通信的网络互联技术，可以将产品的流水化生产进行全面的设计和制作控制，为企业节省了大量的人力和财力资源，节省劳动成本的同时提高利润，且可以通过建立公司企业网络系统，用主机控制分机形成有效控制体系，建立现代化企业文化，激发企业发展潜能。发展一批具有巨大发展潜能的信息化、现代化企业，为社会经济发展提供发展推力。

### （二）给社会带来巨大的物质财富和精神财富

计算机通信的网络互联技术，不仅应用在人们日常生活中，也在国民经济科学技术发展和社会生活等各方面都得到广泛应用，也可以在行政方面改进行政手段和方法，促进行政效率提高，增加了行政事务的公开性和透明性。社会多样化计算机通信技术的应用给社会经济发展体系提供了多样的改革方案和创新措施，激发了很多人、企业和经济市场主体的发展潜能，带给社会巨大物质财富。随着计算机网络不断发展，电子商务的兴起对世界市场变革产生了巨大影响。如很多人现在在网上进行购物、炒股理财等，建立了计算机用户与各大商业平台的网络互联，大大提高了经济市场的交易额，推动了经济不断发展，为社会创造了巨大经济财富。

网络互联技术也在各大网络平台将计算机用户连接起来，很多娱乐性的视频软件和网络娱乐方式兴起，通过网络的各大网站信息传播，互相影响，产生了多元化的文化生活，新兴思想和新奇思维不断涌现，各种思维和多样化的生活方式相互碰撞，产生了多姿多彩的文化生活，带给了社会更丰富的精神财富。

### （三）推动了现代社会智能化和自动化发展

计算机通信的网络互联技术发展，推动了智能化技术的逐步发展。为了满足人们对工作和生活环境的需求，计算机通信的互联技术不断进行改革和创新，推动了现代社会的智能化和自动化发展。通过网络互联，可以更好地了解科技发展水平，在此基础上进行网络技术交流，有效沟通发展技术趋向，推动技术中心发展更高端的网络设备，提供更有质量的服务。在人们的思维上、行动上，对更快更便捷的需求量在不断增大，因此，就需要计算机通信技术的网络互联技术，不断改革创新革除弊病，提供更好、更智能化和自动化的服务。在世界市场、人类需求和社会发展三大推动力下，企业不断地研究改革商品生产的速度和质量，提供更优质化的服务，从社会各方面推动现代社会智能化和自动化的发展。

# 第五章　软件开发环境、工具与方法

## 第一节　软件开发环境与工具

### 一、软件开发环境

软件开发环境是一组相关的软件工具的集合，它们组织在一起支持某种软件开发方法或者与某种软件加工模型相适应。软件工具是指这样一类计算机程序，它们可用来帮助开发、测试、分析或维护另一计算机程序和它的文件编制。例如，自动设计工具、编辑程序、编译程序、测试工具和维护工具等。软件开发环境有很多别名，例如，在欧洲的流行叫法是集成式项目支援环境。

软件开发环境的主要组成成分是软件工具。为了提高软件本身的质量和软件开发的生产率，人们开发了不少工具为软件开发服务。例如，最基本的文本编辑程序、编译程序、调试程序和连接程序；进一步还有数据流分析程序、测试覆盖分析程序和配置管理系统等自动化工具。面对形形色色的工具，开发人员会感到眼花缭乱，难以熟练地使用它们。也就是说，从用户的角度考虑，不仅需要有众多的工具来辅助软件的开发，还希望它们能有一个统一的界面，以便于掌握和使用。另外，从提高工具之间信息传递的效率来考虑，希望对共享的信息能有一个统一的内部结构，并且存放在一个信息库中，以便于各个工具去存取。因此，软件开发环境的基本组成有三个部分：会话系统、工具集和环境数据库。

人机界面是软件开发环境与用户之间的一个统一的交互式对话系统。多窗口屏幕显示、弹出型菜单驱动方式和鼠标器控制等新型的软件和硬件技术支持了一个友好的用户接口，它是软件开发环境的重要质量标志。存储各种软件工具加工所产生的软件产品或半成品（如源代码、测试数据和各种文档资料等）的软件环境数据库是软件开发环境的核心。工具间的联系和相互理解都是通过存储在信息库中的共享数据得以实现的。软件开发环境数据库是面向软件工作者的知识型信息数据库，其数据对象是多元化、带有智能性质的。软件开发数据库用来支撑各种软件工具，尤其是自动设计工具、编译程序主动或被动的工作。

软件开发环境可按以下几种角度分类。

①按软件开发模型及开发方法分类，有支持瀑布模型、演化模型、螺旋模型、喷泉模型以及结构化方法、信息模型方法、面向对象方法等不同模型及方法的软件开发环境。

②按功能及结构特点分类，有单体型、协同型、分散型和并发型等多种类型的软件开发环境。

③按应用范围分类，有通用型和专用型软件开发环境，其中专用型软件开发环境与应用领域有关，故软件开发方法是指软件开发过程所遵循的办法和步骤。

软件开发过程现在大都是由各种工具帮助实现的。软件开发环境中的工具可包括：支持特定过程模型和开发方法的工具，支持面向对象方法的 OOA 工具、OOD 工具和 OOP 工具等；独立于模型和方法的工具，如界面辅助生成工具和文档出版工具；亦可包括管理类工具和针对特定领域的应用类工具。

## 二、嵌入式软件开发环境的构建

### (一) 嵌入式软件概述

嵌入式系统是一种特殊的计算机系统，属于计算机实时系统范畴，主要由实时应用程序、操作系统 RTOS 等各类嵌入式微处理器系统及应用组成，极具实时性、嵌入性属性。虽然嵌入式系统资源较为有限且拥有紧凑的组成结构，但其嵌入形式具有多样化，可以是 SOC、单板机、嵌入式 PC 和单片机，也可以是多板式箱体结构口。随着嵌入式系统科研水平的提升，嵌入式系统在各种大型系统及设备上均发挥着巨大作用，其作为系统或设备的控制核心而存在，如智能家电、路由器、移动电话等。此外，与传统意义上的单片机不同，执行运行任务时，嵌入式系统需要借助 RTOS，以此实现多任务的执行和操作。为此，嵌入式系统在各领域中的运用具有高要求。首先，必须努力构建出一个体系完善的软件开发环境；其次，在充分结合嵌入式系统资源有限、无法自行构建复杂环境特点的基础上，依据软件开发目标，在 HOST 即宿主机上构建开发环境，输入相关交叉编译、程序编码最后，在目标机与宿主机之间建立链接，经过交叉调试、优化进一步完善嵌入式系统。

### (二) 嵌入式软件开发环境构建

#### 1. 设计思路

构建嵌入式软件开发环境之前，首先需要结合软件开发目标、特点、要求等现实情况综合考虑，构思嵌入式软件开发的总体设计思路，以保障嵌入式软件开发环境可以满足各方面工作的整体需求，符合工作目标要求。综合来讲，嵌入式软件开发环境构建的设计思路主要包括以下几个方面：第一，确保软件开发环境的通用性，可以满足嵌入式软件开发环境对多种 BSP、RTOS 等的开发需求；第二，确保软件开发环境的先进性，引入国际标准和先进技术，以此来开发高水平、高质量的嵌入式软件：第三，保证软件开发环境的开放性，保证开发的嵌入式软件与第三方设备、系统实现无障碍对接，以扩展嵌入式软件的各项功能：第四，构建的嵌入式软件开发环境必须能够支持各类高级语言，如 C 语言、C＋＋语言等，以实现对软件多样化功能的计算机语言编写，保障嵌入式软件运行效率的优良性。

#### 2. 系统功能

通过构建嵌入式软件开发环境，可以实现多样化的软件开发功能。项目管理借助 makefile 命令，确定文件编译次序，实现大型软件开发项目的高效化管理，保障各项任务能够有条不紊实施；交叉编译功能：在 cgcc、cgd 山交叉编译器的作用下，实现 C 语言、C＋＋语言、ASM 源程序等的交叉编译、定位、链接，并调试汇编语言、高级语言的符号、功能、目标和变量基本内容；程序固化运行：将编译好目标文件通过一系列操作固化在目标机中。此外，嵌入式软件开发环境的构建具有函数库管理、转换目标文件格式等一系列功能。

## 三、软件开发工具

### （一）软件开发工具概论

软件开发工具的概念要点是：它是在高级程序设计语言（第三代语言）之后，软件技术进一步发展的产物；它的目的是在人们开发软件过程中给予人们各种不同方面、不同程度的支持或帮助；它支持软件开发的全过程，而不是仅限于编码或其他特定的工作阶段。在理解这个概念时，应当同时认识它的继承性与创新性。也就是说，一方面要充分认识到，软件开发工具是软件技术发展的必然产物和自然的趋势，它的基本思想仍是致力于软件开发的高效优质。另一方面，随着人类对软件与软件开发过程理解的深入，它又具备了一些以前的软件开发工作所没有的新的思想与方法，而这些正是它区别于以前的软件技术的关键所在。

首先，我们需要对软件的实质进行再认识。众所周知，软件这个名词是有了计算机之后才产生的，而硬件则是以前就有的。只会执行若干基本指令的机器本身，虽然具备高速运算与海量存储的潜在能力，但是如果没有事先准备好的一系列指令，它是不能完成实际任务的。即使由人一条一条地输入指令，也只能以人们的输入速度来工作，它的巨大潜力是无法发挥出来的。这里的关键是要有一套事先编好并存入机器的指令，这就是我们现在所说的程序。一台存入了某种程序的计算机与一台没有存入这种程序的计算机，从外表是看不出区别的。然而前者在接到一个启动命令之后可以自动地执行某项任务，而后者却做不到这点。为了区分和描述，人们从已有词汇中借来了 hardware 特指看得见摸得着的硬件。而与之相对，创造了 software 软件这个新词，用来特指这种看不见、摸不着的，但又发挥着十分重要的作用的、事先编好的指令系列。它们之间的关系，正如人们所说的，硬件是躯体，软件是灵魂，二者缺一不可。

然而，从应用的角度来看，硬件与软件的情况有着极大的差别。硬件提供的信息存储与处理的基础，这对于任何领域的应用是一样的，没有什么区别的，它不必随应用领域的变化而改变。软件则不同，正如前面指出的，它一头连着计算机硬件，向硬件提供它可以执行的机器指令，另一头面向用户，接受用户提出的要求，提供的算法。从这个意义上说，软件是用户与硬件之间的桥梁。正因为如此，360 行就要有 360 种不同的软件。可以说，为了推广和普及计算机的应用，大量的工作正是集中在软件领域之中。

从更深一层的意义去理解，软件实际上是人类知识与经验的结晶。所谓事先编好的指令，正是人们在实践中形成的工作规范与步骤。以运筹学和数理统计中的算法为例，每一个程序都是以一定的理论分析与研究为基础的。当人们把这些程序编制出来时，这就是为这些经验或理论知识找到了一种新的载体。这种新的载体与书本纸张作为知识的载体不同，它看不见、摸不着，但是却能在计算机上实施，而且可以对不同的数据反复地使用。不可见是这种载体的一个主要缺点，这导致这些知识或经验在传播与应用中的困难。针对这一点，一些专家提出了软件应当包括程序和文档两个不可缺少的组成部分。这一进步使软件的实质充分表现出来。作为人类知识财富积累的一种新的手段，它的重要性与地位正在得到越来越广泛的认可。

如果从人类文明延续的角度看，软件的意义则更为深远。如果说文字的出现是人类文明历史的开端，那么软件这种知识载体的产生将进一步提高人类集中与保存知识与经验的能力。文字只是记录信息，而不包括各种处理方法与技术。而计算机则把人做事的方法与步骤存储起来，并在任何需要的时候重新执行。从数控机床、自动控制直到许多管理软件都是起着这样的作用。有了计算机软件，再加上方便的通信条件，人与社会的联系就变得更加紧密了，任何人都可以迅速地获取社会的、文化的、技术的最新信息，而他的经验、知识、研究成果（只要他愿意）也可以立即投入人类知识的总汇之中。

因此，对于软件的认识是逐步深入的。人们越来越认识到，单纯的、机械的编程并不是软件开发工作的关键之处，更不是它的全部。在努力提高编程工作的质量与效率的同时，还必须从知识的提取、积累、精确化等方面做大量的工作。

谈到软件开发工作的开展变化，归纳为四个不同的阶段。最初阶段的工作仅限于把用户已经明确表述出来的算法，用机器语言写成一系列机器指令，供硬件运行使用。这可以说是人们对软件开发工作的最初的认识汇编语言产生之后，情况略有变化。编程工作改为用汇编语言进行，编好的汇编指令由汇编程序转化为机器指令，再交硬件执行。这里的变化可以归纳为三方面：第一，凡是能交给机器执行的事情，就尽量通过一定的专用系统去做。可以说，与机器的距离扩大了。第二，使用的通信方式——语言变了，从机器语言变成了汇编语言。第三，由于语言的变化，与用户的距离近了，从天书般的机器语言变成了比较接近自然语言的汇编语言了。这可以称之为人类对软件开发工作认识的第二阶段。

第三阶段的情况表面上变化不大，只是把汇编语言换成了高级程序设计语言（第三代语言）。然而正如前面所讲过的，高级程序设计语言不再是与机器指令一一对应，而是更加接近人类习惯的自然语言。因此，可以说是离机器更远了，离用户更近了。

按照这样的观点，目前进入的以应用软件开发工具为标志的新阶段，则进一步扩大了软件开发的范围。正如人们从大量实践工作中认识到的，对于大多数应用领域来说，用户不可能像运筹学专家或火箭专家那样，把需求用严格的数学语言写成算法，只把最后的编程工作交给软件工作者去做。恰恰相反，他们只能从自己的需要出发，以本行业的，而不是计算机专业的方式加以表达。这样表达出来的需求对于可以直接编程的算法来说，距离还很远。这个距离的跨越应当由谁来实现呢？当然只能是软件开发工作者。正是由于这个理由，需求分析已经被公认为软件开发中不可缺少的一个阶段。把用户的需求加以分析，最终以编程工作所需要的方式表达出来（文档、说明、流程图等），这是软件开发者必须承担的任务。

从以上所说的软件和软件开发过程的发展变化，可以体会其中贯穿始终的基本线索，那就是一头面向计算机硬件，提供可执行的机器指令。一头面向应用领域（即用户），接受所要求的信息处理业务。这种知识的提炼、表述、固化的作用，正是软件和软件开发过程的实质所在。这一点，几十年来不但一直没有改变，而且越来越为人们所自觉地认识。正因为这一点，今天的技术是软件技术多年发展的必然产物和自然延伸，包括软件开发工具在内的一系列新技术，正是在前几十年软件人员探索的成果（特别是第三代程序设计语言）的基础上成长和发展而来的。

另一方面，作为技术发展的新阶段，新的技术也必然具有一系列重要的、区别于以往阶段的特点，否则就不会成为一个新的发展阶段了。对于软件开发工具及新的软件开发方法来说，它的发展主要表现在四个方面。

第一，自动化程度的提高。由于代码生成等技术的应用，在一些特定的条件下，可以较容易地自动生成第三代语言（或更低级的语言）代码，从而大大节省人力和时间。其原因是第三代语言编程中的部分工作已由工具代替执行了。当然，这里说的自动化是部分的，至少在目前程序设计的完全自动化还是不可能。值得一提的是，在 20 世纪 60 年代初期，人们开始研究与应用第三代语言时，称之为程序设计自动化。相对于机器语言和汇编语言来说，高级语言中许多工作，如内存安排等确实都已自动进行或由编译或连接程序完成了。因此，称之为自动化也是完全有道理的。进行这样的历史对比，可以使我们领略到技术发展及对其发展的认识的螺旋式上升的、辩证的发展过程。

第二，这一阶段的工作明确地把需求分析包括进了软件工作的范围之内，从而使软件开发过程进一步向用户方面延伸，离用户更近了。一直到应用第三代语言的时期，许多人还认为：用户应当清楚地表述出自己的要求，软件工作人员的任务只是在此基础上编写程序。

第三，把软件开发工作延伸到项目及版本管理，从而超出了一次编程的局限，而扩展了作为一个不断发展的客体生长完善的全过程。这也是软件研制从个体的、手工作坊的方式向科学、有组织、有计划的方式转变的一个重要表现。

第四，这一阶段的研究吸收了许多管理科学的内容与方法，如程序员的组织、质量的控制等。这一变化使软件开发技术不再只是讨论单个程序员自己工作的技术与方法问题，而是把组织、管理等项目负责人的思想与方法放到了更重要的位置。显然，这是完全符合软件规模越来越大，软件开发工作越来越依赖于组织与管理的发展趋势的。人们越来越深刻地认识到，软件生产的成败更多地依赖于合理的组织与协调，而不是领导者或程序员个人的编程能力。

总之，软件开发工具的提出与使用，是软件技术发展的一个新的阶段。

谈到软件开发工具的概念，必然涉及一些类似的、相关的概念或术语。作为一个迅速发展的新的技术领域，其概念交叉重叠，用语含混冲突是毫不奇怪的。人类社会技术进步的大趋势，正是从这些矛盾的清理中显露出来的。与软件开发工具有关的概念、术语很多。

第四代语言（4GL）是应用较为广泛的一个名词，它的原义是非过程化的程序设计语言。针对以处理过程为中心的第三代语言，它希望通过某些标准处理过程的自动生成，使用户可以只说明要求做什么，而把具体的执行步骤的安排交由软件自动处理。

CASE 工具一词有两种理解。一种是计算机辅助软件工程；另一种是计算机辅助系统工程。两者的缩写都是 CASE。不论按哪种理解，它的基本思想与软件开发工具是完全一致的，即应用计算机自身处理信息的巨大能力，帮助人们开发复杂的软件或应用系统。但是由于有上述两种不同的理解，在某些范围内，各种不同的人员对之有不同的解释与用法。为了不产生歧义，笼统地把从第三代语言之后出现的各种有助于软件开发的各种方法与工具统一于软件开发工具这个名称之下。

至于其他几个名词，如可视化编程、最终用户计算、组合编程、即插即用编程、组合软件等，无非都是软件开发工具范围内的某种思想或某种趋向。例如有的强调"所见即所得"的原则，力图实现编程工作的可视化，即随时可以看到结果，程序的调整与后果的调整同步进行。显然，这是在人们运用第三代语言的基础上提出的进一步接近用户的愿望。有的则希望软件组件和它的标准化，像硬件那样，把元件生产和整机生产分开，实现高一层次上的软件利用，从而解决大型软件生产中的困难。这与项目管理、质量管理都是紧密相连的。至于直接让用户自己编程的想法，早在程序设计的早期就出现了，且不管它能实现到什么程度，这一方向无疑与软件开发工具的思想是一致的。

还有一个有关的名词—软件开发工具学，也即软件开发工具。在几十年来的软件开发实践中。人们越来越认识到软件的开发事实上是对人类思维与做事的方法的探索，从本质上讲，它的基础是科学的认识论和方法论。对软件开发过程的认识，加深和丰富了人类对于自己认识世界和改造世界的过程与规律的理解，当然，这对于有效地组织其他工作提供了启发。软件开发工具正是立足于对软件开发过程的深入理解之上的。因此，软件开发工具与软件开发方法学的关系是十分密切的。二者的区别仅在于前者着重于实际应用与工具的开发，而后者着重于方法论的研究，后者是前者重要的理论基础之一。

## （二）软件开发工具的功能与性能

### 1. 软件开发的过程

软件开发工作的第一阶段是初始要求的提出。软件开发工作者的任务是根据这种初始要求形成严格的、明确的、可供实际开发使用的功能说明书。由于一般的用户对于计算机的功能并不熟悉，在多数情况下，用户最初提出的要求是不能直接用来作为编制软件的依据。软件设计者需要从这个初始要求出发，经过大量的调查研究工作，抽象出应用领域中的实际的信息需求，设计出在计算机系统内外的、合理的信息流程，并规定软件系统的功能与性能要求。这些调查分析的成果集中体现在第一个重要文档—软件功能说明书中。这一阶段的工作可以概括地称之为需求分析。经验证明，这一阶段工作虽然并没有具体地开始编写程序，但是其重要性绝不亚于编程工作。因为许多软件的失败并不是由于编程中的错误，而是由于一开始没有真正弄清应用领域中的信息需求以及实际的信息流程，从而造成软件与实际应用环境的冲突与脱节。把需求分析包括进软件开发过程，作为一个重要的、不可缺少的阶段是软件工作的一大进步。

第二阶段是总体设计。它的任务是根据软件功能说明书的要求，完成软件的总体设计，这包括整个软件的结构设计、公用的数据文件或数据库的设计、各部分的连接方式及信息交换的标准等几个主要内容。这里所说的设计是对整个软件而言的，不是具体的编程。所谓结构设计是把软件划分成若干个模块，指定每个模块的功能要求，以及它们之间的相互关系。总体设计的成果是系统的总体设计文件及各个模块的设计任务书。总体设计文件应当包括结构图、模块清单、公用数据结构。

第三个阶段是测试或调试阶段。其中包括两个部分，模块的调试与整个软件的联调。模块的测试是根据总体设计时制定的各个模块的设计任务书，对程序员完成的模块进行验收，看它们是否实现了所要求的功能，是否达到了所要求的性能指标。由设计不可能百分之百的完美，即使每个模块都达到了设计任务书的要求，整个系统能否达到预期的目标还需要进行测试，另外，完成的软件与编写的文档是否一致也必须认真检查。这些任务应当由总体测试或联调来完成。许多国内外成功的软件开发案例表明，测试工作最好由专门的小组去进行，不应当由编程者自己测试。测试的方法和技术是软件开发技术的重要方面。

作为一个版本的软件开发过程，到调试结束即可告终。但是如果从软件的不断发展和更新的角度来看，这只是一个版本的完成，随着应用的发展，使用者（或应用领域）必然会提出新的要求，从而促使开发者进入下一个版本的开发。这个过程实际上是不断重复、不断上升的。

## 2. 软件开发工具的功能要求

### （1）认识与描述客观系统

这主要是用在软件开发工作的第一个阶段—需求分析阶段。由于需求分析在软件开发中的地位越来越重要，人们迫切需要在明确需求、形成软件功能说明书方面得到工具的支持。与具体的编程相比，这方面工作的不确定程度更高，更需要经验，更难形成规范化，因为这是一项对复杂系统的认识与理解的工作。俗话说："隔行如隔山"。每一个应用领域都有各自特殊的情况与规律，在这个领域中工作的人常常是通过几十年的实践工作才深刻领会的。而编写软件的人员要在尽可能短的时间内了解它，并在此基础上抽象出信息需求与信息流程，这无疑是十分困难的。这也正是人们希望软件开发工具给予帮助的一个重要方面。

### （2）存储及管理开发过程中的信息

在软件开发的各阶段都要产生及使用许多信息。例如，需求分析阶段要收集大量客观系统的信息，在此基础上形成系统功能说明书。而这些信息到了测试阶段还要用来对已经编好的软件进行评价。同样，在总体设计阶段形成的对各模块的要求，也要在模块验收时使用。当项目规模比较大时，这些信息量就会大大增加，当项目持续时间比较长的时候，信息的一致性就成为一个十分重要、十分困难的问题。如果再涉及软件的长期发展和版本更新，则有关的信息保存与管理问题就显得更为突出了。

### （3）代码的编写或生成

在整个软件开发工作过程中，程序编写工作占了较多的人力、物力和时间，提高代码的编制速度与效率显然是改进软件工作的一个重要方面。根据目前以第三代语言编程为主的实际情况，这方面的改进主要是从代码自动生成和软件模块重用两个方面去考虑。代码的自动生成对于某些比较固定类型的软件模块来说，可以通过总结一般规律，制作一定的框架或模板，利用某些参数控制等方法，在一定程度上加以实现。

这正是许多软件开发工具所做的。至于软件重用，则需要从更为根本的方面，对软件开发的方法、标准进行改进，在此基础上形成不同范围的软件构件库，这是十分重要而困难的工作。

（4）文档的编写或生成

文档编写是软件开发中一项十分繁重的工作，不但费时费力，而且很难保持一致。在这方面，计算机辅助的作用可以得到充分的发挥。在各种文字处理软件的基础上，已有不少专用的软件开发工具提供了这方面的支持与帮助，如文档自动生成系统等。困难表现在保持程序的一致性。

（5）软件项目的管理

这一功能是为项目管理人员提供支持。一般来说，项目管理包括进度管理，资源与费用管理，质量管理三个基本内容。在项目管理方面已有不少成功的经验、方法与软件工具。对于软件项目来说，还有两个比较特殊的问题。首先是测试工作方面的支持。由于软件的质量比较难于测定，所以不仅需要根据设计任务书提出测试方案，而且还需要提供相应的测试环境与测试数据，软件开发工具能够在这些方面提供帮助。另一个是版本管理问题。当软件规模比较大的时候，版本的更新，各模块之间以及模块与使用说明之间的一致性，向外提供的版本的控制等，都带来一系列十分复杂的管理问题。

### 3. 软件开发工具的性能

任何软件都有一定的性能指标。由于功能范围十分广泛，各种功能在性能上的要求也不尽相同，很难有统一的规定。

所谓功能是指软件能做什么事情，所谓性能则是指事情做到什么样的程度。简单地说，前者是定性地说明能做什么的问题，后者是尽可能定量地说明能做到什么样的程度。作为一般的软件来说，效率、响应速度等必须考虑。但是，对于软件开发工具来说，以下五项特别重要。

（1）表达能力或描述能力

因为软件项目的情况千变万化，软件开发工具要能够适用某些软件项目，就要能适应软件项目的种种不同的情况，否则就不可能对软件开发提供有效的、实际的帮助。比如，在代码生成类型的软件开发工具中，常常根据使用者的若干参数来生成特定的代码段。这些参数的多少与选择是否合理就决定了这个工具的能力大小。如果选择合理、参数详尽，则使用者可以通过选择适当的参数，充分地规定自己所需要代码段的各种特征，从而成为自己真正需要的代码段落。反之，如果工具只提供很少几个参数，用户没有什么选择的余地，那么生成的代码段落十分死板，很难符合具体的应用软件的要求。类似的情况在需求分析、文档生成、项目管理中也经常遇到，将其统称为描述能力或表达能力。在选择与比较软件开发工具的时候，这一点应当是首先要考虑的。

（2）保持信息一致性的能力

软件开发者在管理开发过程中涉及大量的信息，信息一致性的检验与控制十分关键。随着软件项目规模的增大，单靠人的头脑来保证信息的一致性，几乎是不可能的。所以实际工作要求软件开发工具不但要存储大量的有关信息，而且要有条不紊地管理这些信息，而管理的主要内容就是保持它的一致性，至少在出现不一致的情况时要能够给出警告与提示。这方面的要求现在越来越高：各部分之间的一致，代码与文档的一致，功能与结构的一致，都要求软件开发工具提供有效的支持与帮助。

（3）使用的方便程度

工具应当尽量方便用户，而不能让用户因为使用工具而增添麻烦。在计算机技术中，人机界面已经发展成为一个重要的分支。软件开发工具无疑应当充分利用这些技术成果使其成为用户与硬件之间的桥梁。软件的开发应当与用户（或预期用户）有充分的交流，其中涉及的表达方法、人机界面应当尽量通俗易懂，以便吸引使用者参与开发过程。因此，对于软件开发工具来说，是否易用是一项重要的性能指标。

（4）工具的可靠性

软件开发工具应当具有足够的可靠性，即在各种干扰条件下仍能保持正常工作，而不致丢失或弄错信息。软件开发工具涉及的都是软件开发过程中的重要信息，绝对不能丢失或弄错，因此可靠性特别重要。而且，使用软件开发工具的目的就是要防止出现不一致的情况，工具自己应具备可靠性，才能够起到应起的作用。

（5）对硬件和软件环境的要求

如果软件开发工具对硬件、软件的环境要求太高，也会影响它的使用范围。一般来说，软件开发对环境的要求不应当超出它所支持的应用软件的环境要求，有时甚至还应当低于应用软件的环境要求。例如，项目管理的一些工具就时以在便捷机上运行，尽管它支持的项目也许是小型机以至中型机上运行的应用系统。当然，对于综合的、集成化的软件开发工具来说，环境的要求总比单项的工具要求高，但随着硬件、软件技术的迅速发展，这方面的限制将减少。软件开发工具的环境要求应当尽量降低，以利于广泛使用。

## （三）软件开发工具的类别

### 1．按工作阶段划分

软件工作是一个长期的、多阶段的过程，各个阶段对信息和信息处理的需求不同，相应的工具也就不相同。粗略地说，可以把软件开发工具分为三类：设计工具、分析工具、计划工具。

### 2．按集成程度划分

虽然把集成化作为一个发展的新阶段看待，但是直到今天，还是专用的工具多，而真正集成化的工具少。在实践中切实发挥作用的往往还是某些专用工具。显然，真正集成化的软件开发工具，要求人们对于软件开发过程这样的复杂事物有更深入的认识和了解。这方面的不成熟反映出人类在认识、描述、管理、控制复杂性方面还处于很初步的阶段。这并不是说集成化没有必要或者没有时能，而是说至少在目前，或在可以预见的一段时期内，我们还是应当充分利用各种专用的、面对某一环境或某一工作的软件开发工具。至于开发与应用集成化的软件开发工具，是应当努力研究与探索的课题，而真正做到集成化的、统一的支持软件开发全过程的工具，还是相当少见的。集成化的软件开发工具也常常被称为软件工作环境。

### 3．按与硬件、软件的关系划分

软件开发工具又可以按它与硬件、软件的关系来分类。有的软件开发工具依赖于特定的计算机或特定的软件（如某种数据库管理系统）。另一类软件开发工具则是独立于硬件与其他软件的。这当然与工具自身的情况有关。一般来说，设计工具多是依赖于特定软件的，因为它生成的代码或测试数据不是抽象的，而是具体的某一种语言的代码或该语言所要求的格式的数据。

软件开发工具是否依赖于特定的计算机硬件或软件系统，对于应用的效果与作用是有直接影响的。这个问题是研究和使用它所必须注意的。

软件开发工具的种类很多，以上各种分类方法反映出这种多样性。研究和使用者应当从广泛的意义上去理解和认识软件开发工具。

# 第二节　计算机软件开发方法

## 一、计算机软件开发方法概述

### （一）计算机软件开发技术的意义

信息时代随着社会的整体进步不断深入，计算机已经逐渐渗透至广大民众的生活以及工作当中，作为当今社会中处理任何事项或者工作不可或缺的工具之一。比如对于数据通信和财务管理来说已经逐步向信息化进行过渡，所以说对于计算机的应用来说不仅是满足当今社会的工作需求更是时代发展的必然趋势所在。对于计算机整体的进步和发展来说其关键环节就是软件开发工作，所以说计算机软件技术开发水平以及进度对计算机领域的发展产生直接影响。对于计算机整体的使用功能来说不只有计算机的软件部分还有计算机的硬件部分，但是有一点需要特别注意的是两个构成部分在计算机使用功能方面并不是平均分配发挥作用，占更大比例的是计算机的软件部分，同时作为整个计算机运行的基础而存在。计算机应用软件属于计算机工具软件的整体范畴之内，其根本作用是对极端及运行过程中的各类问题进行解决。

### （二）计算机软件开发方式的简单整理

计算机软件开发方式十分多样化，目前来说基本常用方式包括生命周期开发、计算机软件原型开发、计算机自动化系统开发三种方式。

### 1．生命周期开发方式

其中生命周期开发方式以时间作为其开发的根本标准和基础，然后将计算机软件各个部分采取分解操作形成既定时间段，每个时间段的开始和结束都有严格定义再对其进行深一步精细开发这样一个周期性的活动。但是此种方式也存在一定弊端，计算机原型开发正好对其进行弥补。

### 2．软件原型化开发方式

软件开发的专业人员采用对软件原型进行处理的方式来对软件各个阶段的原型进行实现，并将此作为根本基础按照修改意见对软件进行优化。

### 3. 计算机自动化系统开发方式

计算机自动化系统开发方式顾名思义整个开发过程节省了一定程度的人力并使得开发效率得以提高。其开发的全过程都依靠计算机来进行操作，专业人员对软件工具提供指导之后其会自动对开发内容进行分析，然后将相关程序的编码进行实现。

## (三) 计算机软件开发中存在的问题分析

### 1. 计算机软件开发市场缺乏良好的市场环境

如拿国内计算机软件开发市场和美国硅谷相比的话肯定中国相差许多，这是因为硅谷在一定程度上为从事计算机软件开发的各企业建立了一个良好的市场环境，可以实现企业之间的友好竞争对于开发进度也有积极的促进作用。然而对于国内计算机领域软件开发的整体市场来说产业链条存在缺失，对软件设计产权也无法实施有效保护，整个市场环境缺乏正规规范监控等问题对软件市场的发展产生直接的阻碍。

### 2. 计算机软件开发专业人员素质问题的直接影响

对于计算机软件开发来说最终会回归到计算机开发人员专业技能以及专业素养的水平上，所以说对于专业人员各方面都有严格的要求。创造性高和反应性快是软件开发技术人员所必须具备的专业素养，进行软件开发工作的基础则是相对扎实的计算机专业知识和机敏的反应能力。

### 3. 计算机软件开发系统的前期规划

古语说"好的开始是成功的一半"，可见准备充足之后再进行一件事情的操作是多么重要，此理论同样适用于计算机软件的开发，必须在开发工作开始之前做好系统的前期规划才能使得软件开发工作有条不紊的稳步推进。通常情况下会有许多设计理念和现实情况之间的落差存在于软件开发过程中，所以此时就需要根据系统完善的前期规划来进行有效调整。

## (四) 针对计算机软件开发存在问题提出相关解决措施

### 1. 对国内计算机软件开发的市场环境进行有效改善

各行业各领域的发展需要良好政策和市场环境作为根本基础，所以政府相关部门需要对政策进行保护，对市场环境进行完善以促进整个行业的发展，良好的市场环境可以使得计算机软件开发由被动向主动积极转换，而从事计算机软件开发的专业人员以及广大用户要对其进行切实维护以促进计算机软件开发的持续性发展。

### 2. 对计算机软件开发人员加强专业性培训并制定完善的晋升流程

对从事计算机软件开发人员相关专业知识要定期进行培训并制定完善的晋升流程，以促使整个行业内的专业人员更加规范化、专业化，从而促进计算机软件开发进程的快速推进。

### 3. 对计算机软件开发流程进行系统规划

经常有多样化的问题存在于计算机软件开发过程中，像设计、规划、测验以及维护方面出现各种问题是普遍存在的，这就需要在计算机软件进行开发前结合实际情况实际需求对开发工作进行系统规划，并确保后续有任何问题出现都可以进行严谨灵活的调整来保证计算机软件开发的进程和质量。

## 二、软件工程方法优势概述

### （一）提升软件智能化水平

以软件工程方法为基础，在完成计算机软件开发任务的过程中，合理使用该方法，可以进一步提升软件性能的整体升级速度，保证软件整体功能的先进性，通过这种方式达到提升软件系统总体存储容量的最终目标。在此期间，用户在使用该方法后，同样可以有效规避大量的调整和修改操作，有助于软件智能化发展水平的进一步提升。

### （二）缓解网络硬件面对的运行压力

软件优化能够大幅度降低软件本身对网络硬件形成的压力，假设软件始终不进行优化，自身对网络硬件形成的压力则会持续增加，同时还会占用大量的系统运行空间，此时的网络资源消耗问题十分严重，并且硬件的最终使用寿命以及用户体验均会因此受到不利影响，后果较为严重。

### （三）提升软件开发效率

在执行计算机软件开发任务的过程中，如果没有工程方法的配合，则软件开发的整体性能会受到一定影响，所以，不得不重新开发其他新软件，这种情况同样会造成开发成本骤增，并且软件本身功能的开发效率也会受到大幅度降低。基于此，需要积极利用软件工程方法，为后续计算机开发工作提供整体性能保障，达到提升软件开发效率和检测效率的最终目的。

### （四）优化软件产品的最终体验效果

开发成功的软件使用效果，需要以用户使用效率以及质量进行分析，如果软件本身的使用性能良好，可以快速识别用户指令并按要求完成指令动作，则可以更加高效地规避系统漏洞问题。此外，在处理常规系统任务期间，需要展现出足够的抗干扰性，以此为基础，在保证任务完成质量的同时，确保用户需求可以得到进一步满足，保证软件开发效果。

## 三、软件工程方法在计算机软件开发中的应用注意事项

### （一）软件配置管理过程分析

①软件配置项的选择分析，主要内容为：程序选择、文件选择和数据选择，确保所有类型的软件工作产品信息准确、软件开发环境良好、软件测试环境稳定、所需使用工具完备、执行标准可靠。

②配置管理分析，项目研发涉及的所有领域，都需要保证配置管理工作可以发挥出应有作用，在将其成功划分为两类后，进行逐一管理，第一类：开发管理，确保相应技术管理手段的使用有效性，保证软件控制效果和相关技术的应用有效性，通过这种方式保证软件研发的每一个环节配置工作准确；第二类：软件配置管理，采取统一标准、统一规格的管理方式去，确保所有的管理方法和处理手段应用合理性，并对所有配置项中的细节性内容进行全范围的特征验证，通过这种方式，保证最终阶段的处理效果可以达到预设水平；此外，还需要对各种可能发生改变的因素进行妥善处理，

如：动态记录信息、数据存储类信息等内容。

③管理目标，需要保证软件研发的整体配置管理工作具有合理性、保证所有研发任务始终处于可控范围内、保证各项调节措施都处于可控整体。

④过程目标，明确不同岗位工作人员的具体职责，主要内容为：项目经理的工作职责在于编制管理和执行标准，对所有 SCM 工作信息进行翔实记录，编制并传输 SCM 专业报告等内容、配置管理委员会的主要工作职责是对软件配置项进行准确标记，并对最终的软件产品进行审定：配置管理员的主要职责在于上传管理计划并对配置项加以有效管控，为项目研发者提供培训，在处理研发问题的过程中，找出新的潜在问题：系统及成员的主要职责在于对集成、设计系统、管理版本等关键内容进行有效调节。以配置项为基础，可以分成两部分内容，第一部分是技术配置项，如：代码设计任务；第二部分是管理配置项等内容，如：软件的日常维护等内容。

⑤过程活动，首先，需要设计出专门的配置管理方案，以此为基础，为其配置项进行专门的标记处理，同时，还需要进一步明确配置项最终的执行情况，最后，根据设计要求，为配置项进行合理修改处理。

⑥软件基线，可以划分为三种不同类型，依次为：功能基线、分配基线、产品基线。

## （二）计算机软件质量控制

优化集中管控平台软件，实现智慧控制。通过对智能化各系统集中管控的功能需要和各种软件使用场景对智能化控制功能的不同需求，设置集中要对应控制的使用模式，由值班人员在集中管控平台实现选择性任意控制，不需要专门的专业人员进行复杂的参数设置。根据系统设备选择及电路设计，结合系统功能需求，实时系统主控制程序、故障控制程序以及检修控制程序流程设计，并以此为基础，确保控制系统可以对软件产生更为优质的控制效果。

## （三）工程方法在软件开发管理中的细节问题

软件中的智能信息管理模块，需要对用户总体业务以及流程进行整理和分类，通过这种方式让客户可以对软件运行的实际情况产生一个概括性了解，然后再具体到每一个单独的服务板块，然后，在客户浏览至自身所需功能板块时，为其展示需要进行的具体流程，使其可以对具体业务内容有一个清晰的认知和了解：最后，对系统可提供的业务功能进行优化。通过这样的方式，可以更好地为用户服务，并实现信息管理系统与用户之间的互动效果，保证后续功能性需求服务可以达到充分发挥。在此期间，软件运行过程中，需要保证代码运行的稳定性，确保不会在工作过程中出现 BUG 问题，避免对软件最终运行效果造成不良影响，保证软件功能性稳定。

# 第六章　面向对象软件设计开发与人机交互设计

## 第一节　软件生命周期与工程基础

### 一、软件生命周期

同任何事物一样，一个软件产品或软件系统也要经历孕育、诞生、成长、成熟、衰亡等阶段，一般称为软件生命周期（软件生存周期）。

软件生命周期（SDLC，软件生存周期）是软件的产生直到报废的生命周期，周期内有问题定义、可行性分析、总体描述、系统设计、编码、调试和测试、验收与运行、维护升级到废弃等阶段，这种按时间分阶段的思想方法是软件工程中的一种思想原则，即按部就班、逐步推进，每个阶段都要有定义、工作、审查，形成文档以供交流或备查，以提高软件的质量。但随着新的面向对象的设计方法和技术的成熟，软件生命周期设计方法的指导意义正在逐步减少。

（一）软件生命周期阶段

一般来说，软件的生命周期（SDLC）内有六个阶段。

1. 问题定义及规划

此阶段是软件开发方与需求方共同讨论，主要确定软件的开发目标及其可行性等。

2. 需求分析

在确定软件开发可行的情况下，对软件需要实现的各个功能进行详细分析。需求分析阶段是一个很重要的阶段，这一阶段做得好，将为整个软件开发项目的成功打下良好基础。"唯一不变的是变化本身"。同样，需求也是在整个软件开发过程中不断变化和深入的，因此必须制订需求变更计划来应对这种变化，以保护整个项目的顺利进行。

3. 软件设计

此阶段主要根据需求分析的结果，对整个软件系统进行设计，如系统框架设计、数据库设计等。软件设计一般分为总体设计和详细设计。好的软件设计将为软件程序编写打下良好的基础。

4. 程序编码

此阶段是将软件设计的结果转换成计算机可运行的程序代码。在程序编码中必须制定统一、符合标准的编写规范，以保证程序的可读性、易维护性，提高程序的运行效率。

5. 软件测试

在软件设计完成后要经过严密的测试，以发现软件在整个设计过程中存在的问题并加以纠正。整个测试过程分单元测试、组装测试（集成测试）以及系统测试三个阶段进行。测试的方法主要有白盒测试和黑盒测试两种。在测试过程中需要建立详细的测试计划并严格按照测试计划进行测试，以减少测试的随意性。

### 6．运行维护

软件维护是软件生命周期中持续时间最长的阶段。在软件开发完成并投入使用后，由于多方面的原因，软件不能继续适应用户的要求。要延续软件的使用寿命，就必须对软件进行维护修改。软件的维护包括纠错性维护和改进性维护两个方面。

## （二）软件生命周期模型

软件从概念提出的那一刻开始，软件产品就进入了软件生命周期。在经历需求、分析、设计、实现、部署后，软件将被使用并进入维护阶段，直到最后由于缺少维护费用等原因而逐渐消亡，这样的一个过程称为"生命周期模型"（Life Cycle Model）。

典型的几种生命周期模型包括瀑布模型、迭代式模型、快速原型模型。

### 1．瀑布模型

瀑布模型（Waterfall Model）首先由 Royce 提出。该模型由于酷似瀑布而闻名。在该模型中，首先确定需求，并接受客户和 SQA（软件质量保证）小组的验证，然后拟定规格说明。通过验证后，进入计划阶段……可以看出，瀑布模型中至关重要的一点是，只有当一个阶段的文档已经编制好并获得 SQA 小组的认可才可以进入下一个阶段。这样，瀑布模型通过强制性的要求提供规约文档来确保每个阶段都能很好地完成任务。但是实际上往往难以办到，因为整个模型几乎都是以文档驱动的，这对于非专业的用户来说是难以阅读和理解的。

### 2．迭代式模型

迭代式模型是 RUP（Rational Unified Process，统一软件开发过程，统一软件过程）推荐的周期模型。在 RUP 中，迭代被定义为：迭代包括产生产品发布（稳定、可执行的产品版本）的全部开发活动和要使用该发布必需的所有其他外围元素。所以，在某种程度上，开发迭代是一次完整地经过所有工作流程的过程：（至少包括）需求工作流程、分析设计工作流程、实施工作流程和测试工作流程。实质上，它类似小型的瀑布式项目。RUP 认为，所有的阶段（需求及其他）都可以细分为迭代。每一次的迭代都会产生一个可以发布的产品，这个产品是最终产品的一个子集。

迭代式模型和瀑布模型的最大差别就在于风险的暴露时间上。任何项目都会涉及一定的风险。如果能在生命周期中尽早确保避免了风险，那么这样的计划自然会更趋精确。实际上有许多风险直到已准备集成系统时才被发现。不管开发团队经验如何，都绝不可能预知所有的风险。由于瀑布模型的特点（文档是主体），很多的问题在最后才会暴露出来，解决这些问题的风险是巨大的。在迭代式生命周期中，需要根据主要风险列表选择要在迭代中开发的新的增量内容。每次迭代完成时都会生成一个经过测试的可执行文件，这样就可以核实是否已经降低了目标风险。

### 3．快速原型模型

快速原型（Rapid Prototype）模型在功能上等价于产品的一个子集。注意，这里说的是"功能"上。瀑布模型的缺点就在于不够直观，快速原型法就解决了这个问题，即一般来说，根据客户的需要在很短的时间内解决用户最迫切的需要，完成一个可以演示的产品。这个产品只是实现部分功能（最重要的），它最重要的目的是确定用户的真正需求。

上述的模型中都有自己独特的思想，其实，现在的软件组织中很少有标准地采用哪一种模型的。模型和实用还是有很大区别的。软件生命周期模型的发展实际上是体现了软件工程理论的发展。

## 二、软件工程

为了使软件危机相对缓和，降低软件生产、维护等的成本，开发出高质量的软件，人们参照工程的方法，提出软件工程。

软件工程主要讲述软件开发的原理与过程，基本上是软件实践者的成功经验和失败教训的总结。软件工程的观念、方法、策略和规范都是朴实无华的，平凡之人皆可领会，关键在于运用。

### （一）软件工程的概述

软件工程是一门研究如何用系统化、规范化、工程化、数量化等工程原则和方法去进行软件的构建和维护，以开发出有效的、实用的和高质量的软件的学科。它涉及程序设计语言、数据库、软件开发工具、系统平台、标准、设计模式等多方面。实质上，软件工程就是采用工程的概念、原理、技术和方法来开发与维护软件，把经过时间考验而证明正确的管理方法和最先进的软件开发技术结合起来；应用到软件开发和维护过程中，来解决或者说缓和软件危机问题，生产出无故障、及时交付的、在预算之内的和满足用户需求的软件。

和任何工程方法一样，软件工程以质量为关注焦点，全面质量管理及相关的现代管理理念为软件工程奠定强有力的根基。全面地质量管理和质量需求是推动软件过程不断改进的动力，正是这种改进的动力导致了更加成熟的软件工程方法不断涌现。

一般将方法、工具和过程称为软件工程的三要素，由此可见，软件工程是一门涉及内容广泛的学科，所依据的理论基础极为丰富，其研究的内容包括软件开发技术和软件管理技术。

其中，软件开发技术包括软件开发方法学、软件工程和软件工程环境。软件管理技术包括软件度量、项目估算、进度控制、人员组织、配置管理、项目计划等。

### （二）软件工程的原理和目标

软件工程的基本原理：①严格按照软件生命周期各阶段的计划进行管理。②坚持进行阶段评审。③实施严格的产品控制。④采用先进的程序设计技术。⑤结果应能够清楚地审查。⑥开发小组的人员应该少而精。⑦承认不断改进软件工程实践的必要性。

软件工程是一门工科性学科，其目的是采用各种技术上和管理上的手段组织实施软件工程项目，成功地建造软件系统。

项目成功的几个主要目标：①付出较低的开发成本，在用户规定的时限内，获得功能、性能方面满足用户需求的软件。②开发的软件移植性较好。③易于维护且维护费用低。④软件系统的可靠性高。

### （三）软件工程的原则

若要满足软件工程的目标，在软件开发过程中必须遵循下列软件工程的原则。

## 1. 抽象和信息隐藏

抽象是指抽取事物最本质的特征和行为，忽略与问题无关的细节，通过分层次抽象、逐层细化的方法可以提高软件开发过程的共享机制。而信息隐藏是将模块设计成一个"黑盒"，将数据和操作的细节隐藏在模块内部，对外界屏蔽，使用者若要访问模块中数据，只能使用模块对外界提供的接口进行，这样可以有效保证模块的独立性。

## 2. 模块的高内聚和低耦合

模块划分时，要考虑将逻辑上相互关联的计算机资源集中到一个物理模块内，保证模块之间具有松散的耦合，模块内部具有较强的内聚。这有助于控制求解的复杂性。

## 3. 确定性

软件开发过程中所有概念的表达应当是规范的、确定的、无二义性的。这有助于人们进行交流时不会产生误解，保证整个开发工作能够协调一致、顺利地进行。

## 4. 一致性

一致性是研究软件工程方法的目的之一，就是使软件产品设计遵循统一的、公认的方法和规范的指导，使开发过程标准化。要求整个软件系统（包括程序、文档和数据）能够满足以下几方面的一致性：所使用的概念、符号和术语具有一致性；程序内部、外部接口保持一致性；系统规格说明与系统运行行为保持一致性；软件文件格式一致性；工作流程一致性等。

## 5. 完备性

考虑管理和技术的完备性是为了能够在规定的时限内实现系统所要求的功能，并保证软件质量。在软件开发和运行过程中必须进行严格的技术评审，以保证各阶段开发结果的有效性。

### (四) 软件工程项目管理的任务

软件工程项目的特点：①软件产品不可见。②不存在标准的软件过程。③大型项目往往是一次性项目，无经验可以借鉴。所以对软件项目的管理比其他项目的管理更为困难。

为了使软件项目开发成功，必须对软件开发项目的工作范围、可能遇到的风险、需要的资源（人力、财力、技术、硬件、软件）、要实现的任务、经历的里程碑、花费的工作量（成本）以及进度的安排做到心中有数。软件工程的管理便是对以上提到的几点提供信息。管理工作开始于技术工作之前，结束于软件工程过程结束之后。

软件工程项目管理的任务如下：

①启动一个软件项目：软件人员和用户在系统工程阶段确定项目的目标和范围。目标标明软件项目的目的，但不涉及如何去达到这些目的。范围标明软件要实现的基本功能，并尽量以定量的方式界定这些功能。

②度量：度量的作用是为了有效地、定量地进行管理。

③估算：在软件项目管理的过程中一个关键的活动是制定项目计划。在做计划时，必须对需要的人力、项目的持续时间、成本做出估算，这种估算大多参考以前类似的项目而做出。

④风险分析：风险分析是贯穿软件工程过程中的一系列风险管理的步骤，其中包括风险识别、风险估计、风险管理策略、风险解决和风险监督，它能让人们主动应对

风险。

⑤进度安排：对于进度安排，需要考虑的是预先对进度如何计划，工作怎么就位，如何识别定义好的任务，管理人员对结束时间如何掌握，如何识别和监控关键路径以确保结束，对进展如何度量以及如何建立分割任务的里程碑。首先识别一组项目任务，建立任务之间的相互关联，然后估算各个任务的工作量，分配人力资源制定进度计划。

⑥追踪和控制：由项目管理人员负责追踪在进度安排中标明的每一个任务，并根据实际完成情况对资源重新定向，对任务重新安排，从而较好地控制软件开发。

# 第二节　面向对象软件的基础与设计开发

## 一、面向对象的基本概念

在面向对象技术中应用到一些概念，应该熟悉理解之。

### （一）对象

对象的概念是面向对象的技术核心。对象可代表客观世界中实际或抽象的事物，例如物品、事件、概念或者报表等，每个对象都包含一定的特征和服务功能。可以从两方面理解对象：一方面，客观世界是由各种对象组成的，对象可以分解，复杂对象可以由简单的对象组合而成；另一方面，在计算机世界中，对象可定义为数据以及在其上的操作的封装体，它是客观世界在计算机中的逻辑表示。一个对象是具有唯一对象名和固定对外接口的一组属性和操作的集合，用来模拟组成或影响现实世界的一个或一组因素。

### （二）类

类是一组相似的对象的共性抽象，是创建对象的有效模板。在现实世界里，一个对象通常有一些与之相似的其他对象，需要将同一类相似对象的共性抽取出来统一表示，这就需要类的概念。同样也可以从两方面理解类：一是在现实世界中类是一组客观对象的抽象；二是在计算机世界中类是一种提供具有特定功能模块和一种代码共享的手段或工具，即类是实现抽象数据类型的工具。

类与对象的关系可看成抽象与具体的关系；组成类的每个对象都是该类的实例；实例是类的具体事物；类是各个实例的综合抽象。

## 二、面向对象的基本特征

面向对象的一个重要思想，就是模拟人的思维方式来进行软件开发，将问题空间的概念直接映射到解空间。抽象、封装、继承和多态，构成了面向对象的基本特征。

### （一）抽象

抽象是人们认识事物的常用方法，比如地图的绘制。抽象的过程就是如何简化、概括所观察到的现实世界，并为人们所用的过程。

抽象是软件开发的基础。软件开发离不开现实环境，但需要对信息细节进行提炼、抽象，找到事物的本质和重要属性。

抽象包括两个方面：过程抽象和数据抽象。过程抽象把一个系统按功能划分成若干个子系统，进行"自顶向下逐步求精"的程序设计。数据抽象以数据为中心，把数据类型和施加在该类型对象上的操作作为一个整体（对象）来进行描述，形成抽象数据类型 ADT。

所有编程语言的最终目的都是提供一种"抽象"方法。一种较有争议的说法是：解决问题的复杂程度直接取决于抽象的种类及质量。其中，"种类"是指准备对什么进行"抽象"。汇编语言是对基础机器的少量抽象。后来的许多"命令式"语言是对汇编语言的一种抽象。与汇编语言相比，这些语言已有了较大的进步，但它们的抽象原理依然要求程序设计者着重考虑计算机的结构，而非考虑问题本身的结构。在机器模型（位于"方案空间"）与实际解决的问题模型（位于"问题空间"）之间，程序员必须建立起一种联系。这个过程要求人们付出较多的精力，而且由于它脱离了编程语言本身的范围，造成程序代码很难编写，需要花较大的代价进行维护。由此造成的副作用便是一门完善的"编程方法"学科。

为机器建模的另一个方法是为要解决的问题制作模型。对一些早期语言来说，如USP 和 APL，它们的做法是"从不同的角度观察世界""所有问题都归纳为列表"或"所有问题都归纳为算法"。PROLOG 则将所有问题都归纳为决策链。对于这些语言，可以认为它们一部分是面向基于"强制"的编程，另一部分则是专为处理图形符号设计的。每种方法都有自己特殊的用途，适合解决某一类的问题。但只要超出了它们力所能及的范围，就会显得非常笨拙。

面向对象的程序设计则在此基础上跨出了一大步，程序员可利用一些工具来表达问题空间内的元素。由于这种表达非常普遍，所以不必受限于特定类型的问题。人们将问题空间中的元素以及它们在方案空间的表示物称作"对象"。当然，还有一些在问题空间没有对应的其他对象。通过添加新的对象类型，程序可进行灵活的调整，以便与特定的问题配合。所以在阅读方案的描述代码时，会读到对问题进行表达的话语。与以前的方法相比，这无疑是一种更加灵活、更加强大的语言抽象方法。

总之，面向对象编程允许人们根据问题，而不是根据方案来描述问题。然而，仍有一个联系途径可回到计算机。每个对象都类似一台小计算机，它们有自己的状态，而且可要求它们进行特定的操作。与现实世界的"对象"或者"物体"相比，编程"对象"与它们也存在共通的地方：它们都有自己的特征和行为。

## （二）封装

封装是面向对象编程的特征之一，也是类和对象的主要特征。封装将数据以及加在这些数据上的操作组织在一起，成为有独立意义的构件。外部无法直接访问这些封装了的数据，从而保证了这些数据的正确性。如果这些数据发生了差错，也很容易定位错误是由哪个操作引起的。

如果外部需要访问类里面的数据，就必须通过接口（Interface）进行访问。接口规定了可对一个特定的对象发出哪些请求。当然，必须在某个地方存在着一些代码，以便满足这些请求。这些代码与那些隐藏起来的数据叫做"隐藏的实现"。站在过程化程序编写（Procedural Programming）的角度，整个问题并不显得复杂。一种类型含有与每种可能的请求关联起来的函数。一旦向对象发出一个特定的请求，就会调用那个函数。通常将这个过程总结为向对象"发送一条消息"（提出一个请求）。对象的职责就是决定如何对这条消息做出反应（执行相应的代码）。

若任何人都能使用一个类的所有成员，那么可对这个类做任何事情，则没有办法强制他们遵守任何约束，所有东西都会暴露无遗。

有两方面的原因促使了类的编制者控制对成员的访问。第一个原因是防止程序员接触他们不该接触的东西，通常是内部数据类型的设计思想。若只是为了解决特定的问题，用户只需操作接口即可，无须明白这些信息。类向用户提供的实际是一种服务，因为他们很容易就可看出哪些对自己非常重要以及哪些可忽略不计。进行访问控制的第二个原因是允许设计人员修改内部结构，不用担心它会对客户程序造成什么影响。例如，编制者最开始可能设计了一个形式简单的类，以便简化开发。以后又决定进行改写，使其更快地运行。若接口与实现方法早已隔离开，并分别受到保护，就可放心做到这一点，只要求用户重新链接一下即可。

封装考虑的是内部实现，抽象考虑的是外部行为。符合模块化的原则，使得软件的可维护性、扩充性大为改观。

### （三）继承

面向对象编程（Object Oriented Programming，OOP）语言的一个主要功能就是"继承"。继承是指这样一种能力：它可以使用现有类的所有功能，并在无须重新编写原来的类的情况下对这些功能进行扩展。通过继承创建的新类称为"子类"或"派生类"。被继承的类称为"基类""父类"或"超类"。继承的过程，就是从一般到特殊的过程。

要实现继承，可以从一个基类继承部分或全部基类特征，同时加入所需要的新特征和功能，称之为"单继承"。也可以从多个基类继承多个基类的特征，称之为"多继承"。多继承使程序重用性得到更大的发挥，可以通过已有的多个不同基类来生成所需要的新类。

在某些 OOP 语言中，一个子类可以继承多个基类。但是一般情况下，一个子类只能有一个基类，要实现多重继承，可以通过多级继承来实现。

继承概念的实现方式有三类：实现继承、接口继承和可视继承。

实现继承是指使用基类的属性和方法而无须额外编码的能力；接口继承是指仅使用属性和方法的名称，但是子类必须提供实现的能力；可视继承是指子窗体（类）使用基窗体（类）的外观和实现代码的能力。

在考虑使用继承时，有一点需要注意，那就是两个类之间的关系应该是"属于"关系。例如，Employee 是一个人，Manager 也是一个人，因此这两个类都可以继承 Person 类。但是 Leg 类却不能继承 Person 类，因为腿并不是一个人。

抽象类仅定义将由子类创建的一般属性和方法，创建抽象类时，请使用关键字 Interface 而不是 Class。

面向对象开发范式大致为：划分对象→抽象类→将类组织成为层次化结构（继承和合成）→用类与实例进行设计和实现几个阶段。

### （四）多态

多态性（Polymorphism）是允许将父对象设置成为和一个或更多的它的子对象相等的技术。赋值之后，父对象就可以根据当前赋值给它的子对象的特性以不同的方式运作。简单地说，就是一句话：允许将子类类型的指针赋值给父类类型的指针。

实现多态，有两种方式：覆盖、重载。覆盖是指子类重新定义父类的虚函数的做法。重载是指允许存在多个同名函数，而这些函数的参数表不同（或许参数个数不同，或许参数类型不同，或许两者都不同）。

其实，重载的概念并不属于"面向对象编程"，重载的实现是：编译器根据函数不同的参数表，对同名函数的名称做修饰，然后这些同名函数就成了不同的函数（至少对于编译器来说是这样的）。重载和多态无关。真正和多态相关的是"覆盖"。当子类重新定义了父类的虚函数后，父类指针根据赋给它的不同的子类指针，动态（记住：是动态!）的调用属于子类的该函数，这样的函数调用在编译期间是无法确定的（调用的子类的虚函数的地址无法给出）。因此，这样的函数地址是在运行期绑定的（晚绑定）。结论就是：重载只是一种语言特性，与多态无关，与面向对象也无关。

那么，多态的作用是什么呢？人们知道，封装可以隐藏实现细节，使得代码模块化；继承可以扩展已存在的代码模块（类）；它们的目的都是代码重用。而多态则是为了实现另一个目的——接口重用。多态的作用，就是为了类在继承和派生的时候，保证使用"家谱"中任一类的实例的某一属性时的正确调用。

## 三、面向对象的软件设计开发

在熟悉了面向对象的概念和特征后，可以进行面向对象的软件设计开发了。面向对象软件设计开发包括四个重要的阶段。

### (一) 业务建模

业务建模是面向对象软件开发的初始阶段，其针对用户需求加以分析，并建立系统的用例模型与领域模型。

分析用户的需求是一个非常关键的环节，若需求分析出现重大偏差，将会对后续的修改完善产生很大工作量，进而大大增加软件开发成本。以剧院订票系统为例，需求分析要分析该系统具有的功能。这个系统应该具有的主要功能是为预约订票及分配订票人座位。当订票人来电话预约订票时，客服人员根据预约日期及人数，查询及分配座位，并记录订票代号、订票人姓名、电话、预约日期、座位号码及张数。当订票人来取票时，售票处人员查询其预约订票数据并检查身份证件，记录订票人已取票。当订票人来电话取消订票时，客服人员可以检查订票代号及订票数据以取消预约订票。在开场前规定时间，售票人员可以查询所有过期未取的订票数据，直接删除其订票数据。这是剧院订票系统最主要的功能，另外还可以将已订的票改场次等，只有将功能需求分析完善，才能保证所开发的软件真正满足用户的要求。

需求分析完后就应该进行用例建模。有多种不同观点来建模软件系统，其中"用例观点"可以作为核心来连接其他观点，并可以用例图作为建模用户需求的起始点。用例图可以表示软件系统的各项功能，其中"用例"来描述某项特定的工作，通过用例的执行达到系统所需的功能；"行为者"表示用户与系统互动时扮演的角色，一个行为者可以参与多个用例的执行。用例图中的用例必须包含目前阶段软件系统所有的功能。在剧院订票系统的用户需求中，初步找出了下列四个用例：预约订票、取消订票、抵达取票和过期处理。此外，使用该系统的工作人员可以区分为两种角色：客服人员，负责处理预约订票和取消订票工作；售票人员，负责处理抵达取票和过期处理两项工作。故本系统可以找出两种行为者：客服人员和售票人员。

从用例建模中可以找出系统中重要的实体以及它们彼此之间的关系，它们可以被UML类图中的类、属性、连接关系、继承关系和聚合关系进行建模，以建立系统的领域模型。在剧院订票系统中，主要需求为客户预约订票功能，因此系统设计者可以先从预约订票用例中找出客户与电话订票这两个类以及它们彼此之间的关系，以建立初步的领域模型。

## （二）面向对象分析

系统分析是软件开发过程的重要阶段，在面向对象的软件开发过程中，面向对象分析和面向对象设计这两个阶段常常无法有明确的界限。一般来说，面向对象分析是用于分析系统需求，着重于描述真实世界的系统是什么；而面向对象设计则着重于描述所需开发的软件系统要如何完成。也即先由面向对象分析阶段建立基本的对象模型，描述系统的抽象模型；再由面向对象设计阶段加以细部系统设计，转换成具体的软件系统。真实世界的系统需求建模为用例图和系列事件描述，在面向对象分析阶段可针对每个用例进行分析，利用互动图描述对象之间如何互动，以完成用例所描述的功能。

要利用互动图描述对象之间如何互动，还必须先找出系统中有哪些对象。这可以从领域建模着手，领域建模描述系统中的类以及它们彼此之间的关系，这些可以作为配置类图的基础。每个软件系统的对象都必须明确定义所负责的工作并以操作来表示。每个对象负责的工作必须具有内聚性，当在互动图中描述对象之间的互动过程以完成用例需求的功能时，应特别注意每个对象的负责工作必须符合内聚性的原则，避免让同一个对象负责多个不相干的工作。

在进行细节上的面向对象分析之前，可以先规划宏观的软件架构。软件架构描述整个系统可以分解为哪些子系统、每个子系统所扮演的角色以及子系统之间的关系。系统设计者可以直接应用现有的软件架构模式设计软件系统的架构。模式是以往面向对象软件开发的成功经验，包括所遇到的问题、解决方法、应用范例和影响结果等。例如分层架构模式，可以将系统分成多个层次（子系统）。常用的三层架构模式包含负责用户接口的输入输出与界面显示子系统；负责业务逻辑的运算与控制处理子系统；负责维护数据以及数据库连接处理的子系统。

子系统可以表示成一个包，每个包的内部可再包含其他模型组建。子系统包之间的使用关系以虚线箭头表示，上层的包会使用下层的包。

对于大多数的软件系统来说，用户接口经常会改变，而业务逻辑的运算处理则很少变化，三层式的软件架构的依赖关系可以实现。当Presentation层的类做改动时，不会影响Application层的类，因此Application层无须随之修改。同样Storage层中的类也不会受Presentation层和Application层的影响，具有独立性。在三层式的软件架构中，面向对象分析阶段一般只需先处理Application层中对象的互动与行为，Presentation层和Storage层中的类则留到面向对象设计阶段再行处理，并在面向对象设计阶段建立层别之间的互动。在许多系统中，Presentation层的用户接口和Storage层的数据库处理都非常类似，甚至可以直接重复使用现有的模式或加以修改，以减少软件开发的成本与时间。

在面向对象分析阶段，可利用互动图（常使用循序图）描述对象之间如何互动，以完成用例描述的功能。

## （三）面向对象设计

面向对象设计阶段将继续修改、扩充面向对象分析阶段的建模图。例如，加入 Presentation 层和 Storage 层中类的细部设计，包括用户界面的输入输出、画面显示、数据维护及数据库连接的处理等。面向对象设计阶段着重于软件系统的细部设计，以便于进行下一阶段的面向对象软件实现。

在面向对象设计阶段首先要探讨用户界面的输入动作。在面向对象分析阶段，用户的输入都是使用系统信息方式，直接由用户传送给 Application 层。在面向对象设计阶段，根据三层架构的工作分配，用户的输入应该由 Presentation 层的对象负责接收和处理，因此在用户和 Application 层中的对象之间应该加上一个 Presentation 层的对象负责两者之间的沟通与处理。

另外，在面向对象设计阶段还必须考虑数据的存储。软件系统中许多数据必须存储至数据库以便查阅和使用。可以从类图中找出需要存储的类数据，并设计产生使用的数据库表格。针对每个需存储类的属性及连接关系，建立其具体的数据库表格。通常每个需存储的类都会对应一个数据库表，但继承关系可以有两种做法：①产生一个父类的数据库表存放所有的子类的数据；②产生多个子类的数据库表存放个别子类的数据。

## （四）面向对象实现

当面向对象设计阶段的细部设计完成后，程序员即可以建立的 UML 设计图为蓝本，实现软件系统。类图中的类、连接关系、继承关系和接口等组件，都可以转换为 Java 或 C++ 程序设计语言中相对应的代码。例如，类图中类及其属性和方法可以直接对应到 Java 程序中的 Class，Field 和 Method；类图中类之间的继承关系可以对应到 Java 程序中的 extends；类之间的连接关系可以转换成 Java 程序中的应用（Reference）。

## （五）目标导向用例

用例可用于表达软件系统的功能性需求，然而却无法表达非功能性需求及非功能性需求之间的互动关系。鉴于此，提出用例的延伸方法，称为目标导向用例 GDUC，其特色如下：①以目标配置用例的模型，取得用例；②区别强制性和非强制性目标，以处理非功能性需求不精确的问题；③在用例中加入目标的信息；④找出目标和用例之间的关系，分析需求之间的互动。

# 第三节  人机交互设计

## 一、人机交互基本概念

### （一）人机交互的定义

所谓人机交互是指关于设计、评价和实现供人们使用的交互式计算机系统，并围绕相关的主要现象进行研究的学科。狭义地讲，人机交互技术主要是研究人与计算机之间的信息交换，它主要包括人到计算机和计算机到人的信息交换两部分。对于前者，人们可以借助键盘、鼠标、操纵杆、数据服装、眼动跟踪器、位置跟踪器、数据手套、压力笔等设备，用手、脚、声音、姿势或身体的动作、视线甚至脑电波等向计算机传递信息；对于后者，计算机通过打印机、绘图仪、显示器、头盔式显示器（HMD）、音箱等输出或显示设备向人们提供可理解的信息。

### （二）人机交互的研究内容

人机交互的研究内容十分广泛，涵盖了建模、设计、评估等理论和方法，以及在Web、移动计算、虚拟现实等方面的应用研究，主要包括以下内容。

#### 1．人机交互界面表示模型与设计方法

一个交互界面的优劣，直接影响到软件开发的成败。友好的人机交互界面而的开发离不开好的交互模型与设计方法。因此，研究人机交互界面的表示模型与设计方法是人机交互的重要研究内容之一。

#### 2．可用性分析与评估

可用性是人机交互系统的重要内容，它关系到人机交互能否达到用户期待的目标以及实现这一目标的效率与便捷性。对人机交互系统的可用性分析与评估的研究主要涉及支持可用性的设计原则和可用性的评估方法等。

#### 3．多通道交互技术

研究视觉、听觉、触觉和力觉等多通道信息的融合理论和方法，使用户可以使用语音、手势、眼神、表情等自然的交互方式与计算机系统进行通信。多通道交互主要研究多通道交互界面的表示模型、多通道交互界面的评估方法以及多通道信息的融合等。其中，多通道融合是多通道用户界面研究的重点和难点。

#### 4．认知与智能用户界面

智能用户界面的最终目标是使人机交互和人人交互一样自然、方便。上下文感知、三维输入、语音识别、手写识别、自然语言理解等都是认知与智能用户界面解决的重要问题。

#### 5．群件

群件是指为群组协同工作提供计算机支持的协作环境，主要涉及个人或群组间的信息传递、群组内的信息共享、业务过程自动化与协调以及人和过程之间的交互活动等。与人机交互技术相关的研究内容主要包括群件系统的体系结构、计算机支持的交流与共享信息的方式、交流中的决策支持工具、应用程序共享以及同步实现方法等内容。

#### 6．Web 设计

重点研究 Web 界面的信息交互模型和结构，Web 界面设计的基本思想和原则，Web 界面设计的工具和技术，以及 Web 界面设计的可用性分析与同步实现方法等内容。

#### 7．移动界面设计

移动计算、普适计算等技术对人机交互技术提出了更高的要求，面向移动应用的界面设计已成为人机交互技术研究的一个重要内容。由于移动设备的便携性、位置不固定性、计算能力有限性以及无线网络低带宽高延迟的诸多的限制，移动界面的设计

方法、移动界面可用性与评估原则、移动界面导航技术以及移动界面的实现技术和开发工具，都是当前人机交互技术的研究热点。

## 二、人机交互感知和认知基础

人的感知来自人的感觉器官。人的感觉器官感受到外界的物理或化学现象，通过神经系统传递到大脑，产生感知。在人与计算机的交流中，用户接收来自计算机输出的信息，通过向计算机输入做出反应。这个交互过程主要是通过视觉、听觉和触觉感知进行的。

### （一）视觉感知

人的眼睛有着接收及分析视像的不同能力，从而组成知觉，以辨认物象的外貌和所处的空间（距离）及该物在外形和空间上的改变。脑部将眼睛接收到的物象信息，分析出四类主要资料；就是有关物象的空间、色彩、形状及动态。有了这些数据，可辨认外物和对外物做出及时和适当的反应。

当有光线时，人眼睛能辨别物象本体的明暗。物象有了明暗的对比，眼睛便能产生视觉的空间深度，看到对象的立体程度。同时眼睛能识别形状，有助于辨认物体的形态。此外，人眼能看到色彩，称为色彩视或色觉。此四种视觉的能力作为探察与辨别外界数据，建立视觉感知的源头。有关研究表明，人类从周围世界获取的信息约有80%是通过视觉得到的，因此，视觉是人类最重要的感觉通道，在进行人机交互系统设计时，必须对其重点考虑。

人眼工作机理是眼睛前部的角膜和晶状体首先将光线汇聚到眼睛后部的视网膜上，形成一个清晰的影像。感知外在环境的变化，要靠眼睛及脑部的配合得出来，以获得外界的信息视觉活动始于光。眼睛接收光线，转化为电信号。光能够被物体反射，并在眼睛的后部成像。眼睛的神经末梢将它转化为电信号，再传递给大脑，形成对外部世界的感知。

人类视觉系统的感受器官是眼球。眼球的运作犹如一台摄影机，过程可分为聚光和感光两个部分。视网膜由视细胞组成，视细胞分为锥状体和杆状体两种。锥状体只有在光线明亮的情况下才起作用，具有辨别光波波长的能力，因此对颜色十分敏感，特别对光谱中黄色部分最敏感，在视网膜中部锥状体最多。而杆状体比锥状体灵敏度高，在暗的光线下就能起作用，没有辨别颜色的能力。因此，人们看到的物体白天有色彩，夜里看不到色彩。

观察一个运动物体，眼球会自动跟随其运动，这种现象叫随从运动，这时眼球和物体的相对速度会降低，能更清晰地辨认物体。例如，观看球类比赛（如棒球），尽管棒球的运动速度很快，由于随从运动，仍够看得到球的大概样子（但会有运动模糊）。如果把眼睛跟着风扇的转动方向转动，会发现对扇叶细节看得较清楚。眼球随从最大速度为4~5度/秒，因此人们不可能看清楚一颗子弹飞行。

视觉感知可分为两个阶段：受到外部刺激接收信息阶段和解释信息阶段。需要注意的是，一方面，眼睛和视觉系统的物理特性决定了人类无法去看到某些事物；另一方面，视觉系统解释处理信息时可对不完全信息发挥一定的想象力。因此，进行人机交互设计时需要清楚这两个阶段及其影响。

下面主要介绍视觉对物体大小、深度和相对距离、亮度和色彩等的感知特点，这对界面设计很有帮助。

### 1. 大小、深度和相对距离

要了解人的眼睛如何感知物体大小、深度和相对距离，首先需要了解物体是如何在眼睛的视网膜上成像的。物体反射的光线在视网膜上形成一个倒像，像的大小和视角有关。

视角反映了物体占据人眼视域空间的大小，视角的大小与物体离眼睛的距离、物体的大小这两个要素有着密切的关系：两个与眼睛距离一样远的物体，大者会形成较大的视角，两个同样大小的物体被放在离眼睛不一样远的地方，离眼睛较远者会形成较小的视角。

### 2. 视敏度

视敏度又称视力，是评价人的视觉功能的主要指标，它是指人眼对细节的感知能力，通常用被辨别物体最小间距所对应的视角的倒数表示。视力测试统计表明，最佳视力是在 6 m 远处辨认出 20 mm 高的字母，平均视力能够辨认 40 mm 高的字母。多数人能在 2 m 的距离分辨 2 mm 的间距。在进行界面设计时，对较为复杂的图像、图形和文字的分辨十分重要，需要考虑上述感知特点。

### 3. 色彩明度

色彩明度是指色彩的亮度或明度。颜色有深浅、明暗的变化。例如，深黄、中黄、淡黄、柠檬黄等黄颜色在明度上就不一样，紫红、深红、玫瑰红、大红、朱红、橘红等红颜色在亮度上也不尽相同。这些颜色在明暗、深浅上的不同变化，也就是色彩的又一重要特征——明度变化。亮度是光线明亮程度的主观反映，它是发光物体发射光线能力强弱的体现。非发光体的亮度是由入射到物体表面光的数量和物体反射光线的属性决定的。随着亮度的增加，闪烁感也会增强。在设计交互界面时，要考虑使用者对亮度和闪烁的感知，尽量避免使人疲劳的因素，创造一个舒适的交互环境。

人能感觉到不同的颜色，是眼睛接收不同波长的光的结果。颜色通常用三种属性表示：色度、强度和饱和度。色度是由光的波长决定的，正常可感受到的光谱波长为 $400 \sim 700 \ \mu m$。视网膜对不同波长的光敏感度不同，同样强度的光颜色不同，有时看起来会亮一些，有时看起来会暗一些。当眼睛已经适应光强时，最亮的光谱大约为 550 $\mu m$，近似黄绿色。当波长接近于光谱的两端，即 $400 \ \mu m$（红色）或 $700 \ \mu m$（紫色）时，亮度就会逐渐减弱。

### 4. 错觉

错觉是人们观察物体时，由于物体受到形、光、色的干扰，加上人们的生理、心理原因而误认的现象，会产生与实际不符的判断性的视觉误差。错觉是知觉的一种特殊形式，它是人在特定的条件下对客观事物的扭曲的知觉，也就是把实际存在的事物被扭曲地感知为与实际事物完全不相符的事物。

错觉说明了事物实际的存在形态与事物在人脑中的反映之间存在差别。因此，设计人员应该依据通常情况下事物在人脑中的存在形态进行界面设计。

### (二) 颜色模型

颜色模型就是指某个三维颜色空间中的一个可见光子集，它包含某个颜色域的所有颜色。在大多数的彩色图形显示设备一般都是使用红、绿、蓝三原色，真实感图形学中的主要的颜色模型也是 RGB 模型。

### 1. RGB 颜色模型

RGB（Red，Green，Blue）颜色模型通常使用于彩色阴极射线管等彩色光栅图形显示设备中，彩色光栅图形的显示器都使用 R、G、B 数值来驱动 R、G、B 电子枪发射电子，并分别激发荧光屏上的 R、G、B 三种颜色的荧光粉发出不同亮度的光线，并通过相加混合产生各种颜色；扫描仪也是通过吸收原稿经反射或透射而发送来的光线中的 R、G、B 成分，并用它来表示原稿的颜色。

RGB 颜色模型称为与设备相关的颜色模型，RGB 颜色模型所覆盖的颜色域取决于显示设备荧光点的颜色特性，是与硬件相关的。它是使用最多，最熟悉的颜色模型。它采用三维直角坐标系。红、绿、蓝原色是加性原色，各个原色混合在一起可以产生复合色。

### 2. CMYK 颜色模型

以红、绿、蓝的补色青（Cyan）、品红（Magenta），黄（Yellow）为原色构成的 CMYK 颜色模型，常用于从白光中滤去某种颜色，又被称为减性原色系统。CMYK（Cyan，Magenta，Yellow，Black）颜色空间应用于印刷工业。印刷业通过青（C）、品（M）、黄（Y）三原色油墨的不同网点面积率的叠印来表现丰富多彩的颜色和阶调，这便是三原色的 CMYK 颜色空间。实际印刷中，一般采用青（C）、品（M）、黄（Y）、黑（K）四色印刷，在印刷的中间调至暗调增加黑版。当红绿蓝三原色被混合时，会产生白色，但是当混合蓝绿色、紫红色和黄色三原色时会产生黑色。

在印刷过程中，必然要经过一个分色的过程，所谓分色就是将计算机中使用的 RGB 颜色转换成印刷使用的 CMYK 颜色。在转换过程中存在两个复杂的问题，其一是这两种颜色模型在表现颜色的范围上不完全一样，RGB 的色域较大而 CMYK 则较小，因此就要进行色域压缩或者通过一个与设备无关的颜色模型来进行转换。

### 3. HSV 颜色模型

每一种颜色都是由色相（Hue，简 H）、饱和度（Saturation，简 S）和色明度（Value，简 V）所表示的。HSV 模型对应于圆柱坐标系中的一个圆锥形子集，圆锥的顶面对应于 V＝1。它包含 RGB 模型中的 R＝1、G＝1、B＝1 三个面，所代表的颜色较亮。色彩 H 由绕 V 轴的旋转角确定。

红色对应于角度 0°，绿色对应于角度 120°，蓝色对应于角度 240°。在 HSV 颜色模型中，每一种颜色和它的补色相差 180°。饱和度 S 取值从 0 到 1，所以圆锥顶面的半径为 1。

HSV 颜色模型中在圆锥的顶点（即原点）处，V＝0，H 和 S 无定义，代表黑色。圆锥的顶面中心处 S＝0，V＝1，H 无定义，代表白色。从该点到原点代表亮度渐暗的灰色，即具有不同灰度的灰色。对于这些点，S＝0，H 的值无定义。可以说，HSV 模型中的 V 轴对应于 RGB 颜色空间中的主对角线。在圆锥顶面的圆周上的颜色，V＝1，S＝1，这种颜色是纯色。HSV 模型对应于画家配色的方法。画家用改变色浓和色深的方法从某种纯色获得不同色调的颜色，在一种纯色中加入白色以改变色浓，加入黑色以改变色深，同时加入不同比例的白色，黑色即可获得各种不同的色调。

## 4. HSI 颜色模型

HSI 色彩空间是从人的视觉系统出发，用色调（Hue）、色饱和度（Saturation 或 Chroma）和亮度（Intensity 或 Brightness）来描述色彩。HSI 色彩空间可以用一个圆锥空间模型来描述。用这种描述 HIS 色彩空间的圆锥模型能把色调、亮度和色饱和度的变化情形表现得很清楚。通常把色调和饱和度通称为色度，用来表示颜色的类别与深浅程度。

由于人的视觉对亮度的敏感程度远强于对颜色浓淡的敏感程度，为了便于色彩处理和识别，人的视觉系统经常采用 HSI 色彩空间，它比 RGB 色彩空间更符合人的视觉特性。在图像处理和计算机视觉中大量算法都可在 HSI 色彩空间中方便地使用，它们可以分开处理而且是相互独立的。因此，在 HS1 色彩空间可以大大简化图像分析和处理的工作量。HSI 色彩空间和 RGB 色彩空间只是同一物理量的不同表示法，因而它们之间存在转换关系。

## （三）听觉感知

声波作用于听觉器官，使其感受细胞处于兴奋并引起听神经的冲动以至于传入信息，经各级听觉中枢分析后引起的震生感。听觉是仅次于视觉的重要感觉通道。它在人的生活中起着重大的作用。人耳能感受的声波频率范围是（16～20000 Hz），以（1000～3000 Hz）时最为敏感。除了视分析器以外，听分析器是人的第二个最重要的远距离分析器。

听觉感知的信息仅次于视觉。听觉所涉及的问题和视觉一样，即接受刺激，把刺激信号转化为神经兴奋，并对信息进行加工，然后传递到大脑。

耳朵由三部分组成：外耳、中耳和内耳。外耳是耳朵的可见部分，包括耳廓和外耳道两部分。耳廓和外耳道收集声波后，将声波送至中耳。中耳是一个小腔，通过耳膜与外耳相连，通过耳蜗与内耳相连。沿外耳道传递的声波，使耳膜振动，耳膜的振动引起中耳内部的小听骨振动，进而引起耳蜗的振动传递到内耳。在内耳，声波进入充满液体的耳蜗，通过耳蜗内大量纤毛的弯曲刺激听觉神经。

外界声波通过介质传到外耳道，声波经外耳道到达鼓膜，引起鼓膜的振动。鼓膜振动又通过听小骨而传达到前庭窗，使前庭窗膜内移，引起前庭阶中外淋巴振动，从而蜗管中的内淋巴、基底膜、螺旋器等也发生相反的振动。封闭的蜗窗膜也随着上述振动而振动，其方向与前庭膜方向相反，起着缓冲压力的作用。基底膜的振动使螺旋器与盖膜相连的毛细胞发生弯曲变形，产生与声波相应频率的电位变化（称为微音器效应），进而引起听神经产生冲动，经听觉传导道传到中枢引起听觉。

空气振动传导的声波作用于人的耳朵产生了听觉。人们所听到的声音具有三重属性。称为感觉特性，即响度、音高和音色。音强指声音的大小，由声波的物理特性振幅，即振动时与平衡位置的最大距离所决定。音强的单位称分贝（dB）。0dB 指正常听觉下可觉察的最小的声音大小。音高指声音的高低，由声波的物理特性频率，即每秒振动次数决定。频率的单位称赫兹（Hz）。常人听觉的音高范围很广。可以由最低 20 Hz 听到 20000 Hz。日常所说的长波指频率低的声音，短波指频率高的声音。由单一频率的正弦波引起的声音是纯音，但大多数声音是许多频率与振幅的混合物。混合音的复合程序与组成形式构成声音的质量特征，称音色。音色是人能够区分发自不同声源的同一个音高的主要依据，如男声、女声、钢琴声、提琴声表演同一个曲调，听起来各不相同。音色的不同由发生物体本身决定。

在人机交互与听觉相关内容设计时，应当注意听觉的适应与疲劳和声音的混合与掩蔽性特征。

听觉的适应是指听觉适应所需时间很短，恢复也很快。听觉适应有选择性，即仅对作用于耳的那一频率的声音发生适应，对其他未作用的声音并不产生适应现象。如果声音较长时间（如数小时）连续作用，引起听觉感受性的显著降低，便称作听觉疲劳。听觉疲劳和听觉适应不同，它在声音停止作用后还需要很长一段时间才能恢复。

声音的混合是指两个声音同时到达耳朵相混合时，由于两个声音的频率、振幅不同，混合的结果也不同。如果两个声音强度大致相同，频率相差较大，就产生混合音。但若两个声音强度相差不大，频率也很接近，则会听到以两个声音频率的差数为频率的声音起伏现象，叫做拍音。如果两个声音强度相差较大，则只能感受到其中的一个较强的声音，这种现象叫做声音的掩蔽。声音的掩蔽受频率和强度的影响。如果掩蔽音和被掩蔽音都是纯音，那么两个声音频率越接近，掩蔽作用越大，低频音对高频音的掩蔽作用比高频音对低频音的掩蔽作用大。掩蔽音强度提高，掩蔽作用增加，覆盖的频率范围也增加，掩蔽音强度减小，掩蔽作用覆盖的频率范围也减小。

（四）触觉感知

触觉为生物感受本身特别是体表的机械接触（接触刺激）的感觉，是由压力与牵引力作用于触感受器而引起的。当作为适宜刺激的外力持续作用或强力的和达到了比较深层的情况下，就称为压觉，而非持续性的少量放电就称为触觉。

虽然比起视觉和听觉触觉的作用要弱些，但触觉也可以反馈许多交互环境中的关键信息，如通过触摸感觉东西的冷或热可以作为进一步动作的预警信号，人们通过触觉反馈可以使动作更加精确和敏捷。另外，对盲人等有能力缺陷的人，触觉感知对其是至关重要的。此时，界面中的盲文可能是系统交互中不可缺少的信息。因此，触觉在交互中的作用是不可低估的。

实验表明，人的身体的各个部位对触觉的敏感程度是不同的，如人的手指的触觉敏感度是前臂的触觉敏感度的 10 倍。对人身体各部位触觉敏感程度的了解有助于更好地设计基于触觉的交互设备。

触觉交互以机器人研究目标较多，比如有对手和身体的运动进行跟踪，依靠姿势完成的自然人机交互；有主要利用电磁、超声波等方法，通过对头部运动进行定位交互的技术；还有对眼睛运动过程进行定位的交互方式。通过语音、姿势、头部跟踪、视觉跟踪等人机交互技术在不断地进行相关研究。

# 三、人机交互发展阶段

人机交互的发展历史是从人适应计算机到计算机不断地适应人的发展史。人机交互的发展经历了以下几个阶段。

（一）早期的手工作业阶段

当时交互的特点是由设计者本人（或本部门同事）来使用计算机，采用手工操作和依赖机器（二进制机器代码）的方法去适应现在看来是十分笨拙的计算机。

## (二) 作业控制语言及交互命令语言阶段

这一阶段的特点是计算机的主要使用者——程序员可采用批处理作业语言或交互命令语言的方式和计算机打交道,虽然要记忆许多命令和熟练地敲键盘,但可用较方便的手段来调试程序、了解计算机执行情况。

## (三) 图形用户界面 (GUI) 阶段

图形用户界面 (GUI) 阶段的主要特点是桌面隐喻、WIMP 技术、直接操纵和"所见即所得"。由于 GUI 简明易学、减少了敲键盘、实现了"事实上的标准化",因而使不懂计算机的普通用户也可以熟练地使用,开拓了用户人群。它的出现使信息产业得到空前的发展。

## (四) 网络应用设计阶段

网络用户界面的出现以超文本标记语言 HTML 及超文本传输协议 HTTP 为主要基础的网络浏览器是网络用户界面的代表。由它形成的 WWW 网已经成为当今 Internet 的支柱。这类人机交互技术的特点是发展快,新的技术不断出现,如移动互联网、搜索引擎、网络加速、多媒体动画、聊天工具等。

## (五) 多通道、多媒体的智能人机交互阶段

多通道、多媒体的智能人机交互阶段,以虚拟现实为代表的计算机系统的拟人化和以手持电脑、智能手机为代表的计算机的微型化、随身化、嵌入化是当前计算机的两个重要的发展趋势。利用人的多种感觉通道和动作通道(如语音、手写、姿势、视线、表情等输入),以并行、非精确的方式与(可见或不可见的)计算机环境进行交互,可以提高人机交互的自然性和高效性。多通道、多媒体的智能人机交互对人机交互既是一个挑战,也是一个极好的机遇。

# 四、可穿戴计算技术与设备

可穿戴计算是一种前瞻的计算模式,它是随着电子器件不断向超微型化方向发展以及新的计算机、微电子和通信理论与技术的不断涌现应运而生的,是计算"以人为本""人机合一"理念的产物。在这种计算模式下,衍生出一类可穿戴、个性化、新形态的个人移动计算系统(或称为可穿戴计算机),可实现对个人的自然、持续的辅助与增强。谷歌推出 Google Glass 后,可穿戴设备才真正成为一个热门话题,并引起众多企业的跟进,目前已有不少公司推出了眼镜、腕表、鞋等各类穿戴计算设备。

可穿戴计算机作为信息工具无缝地存在于工作环境中,尽可能地不分散用户对工作的注意力,提供"hands—free"操作模式的可穿在身上的计算机在许多应用领域显示出独具竞争力的优势。它是用于处理信息而不是编程,在用户环境中作为一个更像铅笔或参考书的工具。他们指出必须从"人—机—用"三维视角来理解可穿戴计算机概念,从"人"的视角强调了可穿戴性,从"机"的角度,系统的构建要具有特殊的尺寸、形态、功耗和用户界面;从"用"的角度,则强调移动应用设计的挑战和问题求解能力对应用需求的有效映射。

可穿戴计算系统或终端有多种形态和类型,如可穿戴网络终端、可穿戴服务器、可穿戴通信终端和可穿戴计算服饰等,典型的、可实用化的工业用途可穿戴计算系统

构架包括：一套头戴系统、一个手持键鼠和一件内嵌计算和通信系统的背心。另外，可穿戴计算领域已外延成为可穿戴 IT，除可穿戴计算机或系统外，还包括可穿戴消费电子、可穿戴传感网络和可穿戴机器人等。

## 五、人机界面设计基础

### （一）人机界面设计的定义

人机界面又称用户界面或使用者界面，是人与计算机之间传递、交换信息的媒介和对话接口；是计算机系统的重要组成部分，是系统和用户之间进行交互和信息交换的媒介，它实现信息的内部形式与人类可以接受形式之间的转换。凡参与人机信息交流的领域都存在人机界面。

根据表现形式，用户界面可分为命令行界面、图形界面和多通道用户界面。

命令行界面可以看作是第一代人机界面，其中人被看成操作员，机器只做出被动的反应，人用手操作键盘、输入数据和命令信息，通过视觉通道获取信息，界面输出只能为静态的文本字符。

图形界面可看作是第二代人机界面，是基于图形方式的人机界面。由于引入了图标、按钮和滚动条技术，大大减少了键盘输入，提高了交互效率。基于鼠标和图形，用户界面的交互技术极大地推动了计算机技术的普及。

而多通道用户界面则进一步综合采用视觉、语音、手势等新的交互通道、设备和交互技术，使用户利用多个通道以自然、并行、协作的方式进行人机对话，通过整合来自多个通道的、精确的或不精确的输入来捕捉用户的交互，提高人机交互的自然性和高效性。

### （二）理解用户

#### 1. 用户的含义

简单地说，用户是使用某种产品的人，其包含两层含义：①用户是人类的一部分；②用户是产品的使用者。产品的设计只有以用户为中心，才能得到更多用户的青睐。概括地说，其要求在进行产品设计时，需要从用户的需求和用户的感受出发，围绕用户为中心设计产品，而不是让用户去适应产品；无论产品的使用流程、产品的信息架构、人机交互方式等，都需要考虑用户的使用习惯、预期的交互方式、视觉感受等方面。

衡量一个以用户为中心的设计的好坏，关键点是强调产品的最终使用者与产品之间的交互质量，它包括三方面特性：产品在特定使用环境下为特定用户用于特定用途时所具有的有效性、效率和用户主观满意度。延伸开来，还包括对特定用户而言，产品的易学程度、对用户的吸引程度、用户在体验产品前后时的整体心理感受等。

以用户为中心的设计，其宗旨就是在软件开发过程中紧紧围绕用户，在系统设计和测试过程中，要有用户的参与，以便及时获得用户的反馈信息，根据用户的需求和反馈信息，不断改进设计，直到满足用户的需求，这个过程才终止。

在产品的早期设计阶段，结合市场需求，充分地了解目标用户群的需求，就能最大程度地降低产品的后期维护成本。以用户为中心的设计理念是贯穿产品的整体设计理念，这需要从早期的设计中就要以用户为中心。遵循这种思想来开发软件，可以使软件产品具有易于理解、便于使用的优点，进而提高用户的满意度。

## 2. 用户体验

用户体验通常是指用户在使用产品或系统时的全面体验和满意度。该术语经常出现在软件和商业的有关话题中，如网上购物。事实上这些话题中的用户体验，多半与交互设计有关。

用户体验是一种纯主观在用户使用产品过程中建立起来的感受。但是对于一个界定明确的用户群体来讲，其用户体验的共性是能够有良好的设计实验来认识到的。计算机技术和互联网的发展，使技术创新形态正在发生转变，以用户为中心、以人为本越来越得到重视，用户体验也因此被称作创新2.0模式的精髓。创新2.0，简单地说就是，创新1.0的升级，1.0是指工业时代的创新形态，2.0则是指信息时代、知识社会的创新形态。在我国面向知识社会的创新2.0——应用创新园区模式探索中，更将用户体验作为"二验"创新机制之首。

ISO标准将用户体验定义为"人们对于针对使用或期望使用的产品、系统或者服务的认知印象和回应"。通俗来讲就是"这个东西好不好用，用起来方不方便"。因此，用户体验是主观的，且其注重实际应用时产生的效果。

ISO定义的补充说明有着如下解释：用户体验，即用户在使用一个产品或系统之前、使用期间和使用之后的全部感受，包括情感、信仰、喜好、认知印象、生理和心理反应、行为和成就等各个方面。该说明还列出三个影响用户体验的因素：系统、用户和使用环境。

用户体验主要有下列元素组成：品牌、使用性、功能性和内容。这四个元素单独作用都不会带来好的用户体验。把它们综合考虑，一致作用则会带来良好的结果。

计算机技术在移动和图形技术等方面取得的进展已经使得人机交互（HCI）技术渗透到人类活动的几乎所有领域。这导致了一个巨大转变从单纯的可用性工程，扩展到范围更丰富的用户体验。这使得用户体验（用户的主观感受、动机、价值观等方面）在人机交互技术发展过程中受到了相当的重视，其关注度与传统的三大可用性指标（即效率、效益和基本主观满意度）不相上下，甚至比传统的三大可用性指标的地位更重要。

在网站设计的过程中有一点很重要，那就是，要结合不同利益相关者的利益市场营销、品牌、视觉设计和可用性等各个方面。市场营销和品牌推广人员必须融入"互动的世界"，在这一世界里，实用性是最重要的。这就需要人们在设计网站时必须同时考虑到市场营销、品牌推广和审美需求三个方面的因素。用户体验就是提供了这样一个平台，以期覆盖所有利益相关者的利益使网站容易使用、有价值，并且能够使浏览者乐在其中。这就是为什么早期的用户体验都集中于网站用户体验。

用户体验是一个涉及面很宽泛的问题。实际操作中的用户体验建设，更多是一种"迭代"式的开发过程：按照某种原则体系设计功能、版面、操作流程；在系统完成后，还要通过考察各种途径的用户反馈，经历一个相对长时间的修改和细化过程。

用户体验可以分为以下类型：

①感观体验。呈现给用户视听上的体验，强调舒适性。一般在色彩、声音、图像、文字内容、网站布局等方面呈现。

②交互用户体验。界面给用户使用、交流过程的体验，强调互动、交互特性。交互体验的过程贯穿浏览、点击、输入、输出等过程给访客产生的体验。

③情感用户体验。给用户心理上的体验，强调心理认可度。让用户通过站点能认同、抒发自己的内在情感，那说明用户体验效果较深。情感体验的升华是口碑的传播，形成一种高度的情感认可效应。

影响用户体验的因素很多，具体包括以下内容：①现有技术上的限制，使得设计人员必须优先在相对固定的 UI 框架内进行设计；②设计的创新在用户的接受程度上也存在一定的风险；③开发进度表也会给这样一种具有艺术性的工作带来压力；④设计人员很容易认为他们了解用户需要，但实际情况常常不是这样。

要达到良好的用户体验，理解用户是第一步要做的事情，而用户本身的不同以及用户知识的不同是其中重要的两个方面，需要在系统设计之初进行充分的了解。

### 3. 用户的区别

从交互水平考察，在人机界面中用户可能有以下四类。

（1）偶然型用户

偶然型用户既没有计算机应用领域的专业知识，也缺少计算机系统基本知识的用户。

（2）生疏型用户

他们更常使用计算机系统，因而对计算机的性能及操作使用，已经有一定程度的理解和经验。但他们往往对新使用的计算机系统缺乏了解，不太熟悉，因此对新系统而言，他们仍旧是生疏用户。

（3）熟练型用户

这类用户一般是专业技术人员，他们对需要计算机完成的工作任务有清楚的了解，对计算机系统也有相当多的知识和经验，并且能熟练地操作、使用。

④专家型用户

对需要计算机完成的工作任务和计算机系统都很精通，通常是计算机专业用户，称为专家型用户。

不同的用户会有不同的经验、能力和要求。例如，偶然型和生疏型用户要求系统给出更多的支持和帮助；熟练型和专家型用户要求系统运行效率高，能灵活使用。

通过系统的用户界面，用户可以了解系统并与系统进行交互。界面中介绍的概念、图像和术语必须适合用户的需要。用户界面还必须至少从两个维度迎合潜在的广泛经验，这两个维度指的是计算机经验和领域经验。计算机经验不仅包括对计算机的一般性了解，还包括对尚待开发的系统的经验。计算机领域和问题领域经验都不足的用户所需界面与专家用户的界面的区别很大。一个成功的交互系统必须能够满足用户的需要。

### 4. 用户交互分析

随着网络和新技术的发展，各种新产品和交互方式越来越多，人们也越来越重视交互的体验，许多公司、网站、新兴的行业都开始注意到交互设计在品牌的创建、客户回头率、客户满意度等方面影响很大，因此用户交互性也越来越受到重视。在理解用户的基础上，需要针对软件的功能和目标用户，对用户交互特性进行分析。

在与用户交流的基础上，了解目标用户群体的分类情况及比例关系，对用户特性进行不断地细化，根据用户需求的分布情况，可以进行一些交互挖掘，如问卷、投票、采访、直接用户观察等。通过对目标用户群的交互挖掘，得出准确、具体的用户特征，从而可以进行有的放矢的设计。

## 六、界面设计原则

### （一）图形用户界面的主要思想

图形用户界面包含三个重要的思想：桌面隐喻、所见即所得及直接操纵。

#### 1．桌面隐喻

桌面隐喻是指在用户界面中用人们熟悉的桌面上的图例清楚地表示计算机可以处理的能力。在图形用户界面中，图例可以代表对象、动作、属性或其他概念。对于这些概念，既可以用文字也可以用图例来表示。尽管用文本表示某些抽象概念有时比用图例表示要好，但是用图例表示有许多优点：好的图例比文本更易于辨识；与文本相比图例占据较少的屏幕空间；有的图例还可以独立于语言——因其具有一定的文化和语言独立性，可以提高目标搜索的效率。

隐喻的表现方法很多，可以是静态图标、动画和视频。流行的图形用户操作系统大多采用静态图标的方式，比如用画有一个磁盘的图标表示存盘操作，用打印机的图标表示打印操作等。这样的表示非常直观易懂，用户只需在图标上单击按钮，就可以执行相应的操作。

隐喻可分为三种：一种是隐喻本身就带有操纵的对象，称为直接隐喻，如 Word 工具中的图标，每种图标分别代表不同的图形绘制操作；另一种隐喻是工具隐喻，如用磁盘图标隐喻存盘操作、用打印机图标隐喻打印操作等，这种隐喻设计简单、形象直观，应用也最普遍；还有一种为过程隐喻，通过描述操作的过程来暗示该操作，如 Word 中的撤销和恢复图标。

在图形用户界面设计中，隐喻一直非常流行，如文件夹及垃圾箱。但是晦涩的隐喻不仅不能增加可用性，反而会弄巧成拙。隐喻的主要缺点是需要占用屏幕空间，并且难以表达和支持比较抽象的信息。

#### 2．所见即所得

在 WYSIWYG 交互界面中，其所显示的用户交互行为与应用程序最终产生的结果是一致的。目前大多数图形编辑软件和文本编辑器都具有 WYSIWYG 界面。

WYSIWYG 也有一些弊端。如果屏幕的空间或颜色的配置方案与硬件设备所提供的配置不一样，在两者之间就很难产生正确的匹配，如一般打印机的颜色域小于显示器的颜色域，在显示器上所显示的真彩色图像的打印质量往往较低。另外，完全的 WYSIWYG 也可能不适合某些用户的需要。

#### 3．直接操纵

直接操纵是指可以把操作的对象、属性、关系显式地表示出来，用光笔、鼠标、触摸屏或数据手套等指点设备直接从屏幕上获取形象化命令与数据的过程。

直接操纵的对象是命令、数据或是对数据的某种操作。直接操纵具有以下几个特性：

①直接操纵的对象是动作或数据的形象隐喻。这种形象隐喻应该与其实际内容相近，使用户能通过屏幕上的隐喻直接想象或感知其内容。

②用指点和选择代替键盘输入。用指点和选择代替键盘输入有两个优点：一是操作简便，速度快捷——如果用文字输入则非常烦琐，特别是汉字的输入；二是不必记忆复杂的命令，这对非专业用户尤为重要。

③操作结果立即可见。由于用户的操作结果立即可见，用户可及时修正操作，逐步往正确的方向前进。

④支持逆向操作。在使用系统的过程中，不可避免地会出现一些操作错误，有了直接操纵之后，会更加容易出现操作错误。因此系统必须提供逆向操作功能。通过逆向操作，用户可以很方便地恢复到出现错误之前的状态。由于系统的初学者往往需要进行各种探索，了解系统的功能与使用方法，所以支持逆向操作正常有助于初学者进行学习。

图形用户界面和人机交互过程极大地依赖于视觉和手动控制的参与，因此具有强烈的直接操作特点。直接操纵用户界面更多地借助物理的、空间的或形象的表示，而不是单纯的文字或数字的表示。心理学研究证明物理的、空间的或形象的表示有利于解决问题和进行学习。视觉的、形象的（艺术的、整体的、直觉的）用户界面对于逻辑的、面向文本的、强迫性的用户界面是一个挑战。直接操纵用户界面的操纵模式与命令界面相反，用户最终关心的是其欲控制和操作的对象，只需关心任务语义，而不用过多地为计算机语义和句法而分心。例如，保存、打印的图标设计分别采用了软盘、打印机，由于尊重用户以往的使用经验，所以很容易理解和使用。

而对于大量物理的、几何空间的以及形象的任务，直接操纵已表现出巨大的优越性，然而在抽象的、复杂的应用中，直接操纵用户界面可能会表现出其局限性，直接操纵用户界面不具备命令语言界面的某些优点。例如，从用户界面设计者角度看，表示复杂语义、抽象语义比较困难，设计图形也比较烦琐，须进行大量的测试和实验。

## （二）图形用户界面的一般原则

### 1. 界面要具有一致性

一致性原则在界面设计中最容易被违反，同时也最容易实现和修改。例如，在菜单和联机帮助中必须使用相同的术语、对话框必须具有相同的风格等。在同一用户界面中，所有的菜单选择、命令输入、数据显示和其他功能应保持风格的一致性。风格一致的人机界面会给人一种简洁、和谐的美感。

### 2. 常用操作要有快捷方式

常用操作的使用频度大，应该减少操作序列的长度。例如为文件的常用操作如打开、保存、另存等设置快捷键。为常用操作设计快捷方式，不仅会提高用户的工作效率，还使界面在功能实现上简洁而高效。定义的快捷键最好与流行软件的快捷键一致。

### 3. 提供必要的错误处理功能

在出现错误时，系统应该能检测出错误，并且提供简单和容易理解的错误处理功能。错误出现后系统的状态不发生变化，或者系统要提供纠正错误的指导。对所有可能造成损害的动作，坚持要求用户确认。

### 4. 提供信息反馈

操作人员的重要操作要有信息反馈。对常用操作和简单操作的反馈可不作要求，但是对不常用操作和至关重要的操作，系统应该提供详细的信息反馈。用户界面应能对用户的决定做出及时的响应，提高对话的效率，尽量减少击键次数，缩短鼠标移动距离，避免使用户产生无所适从的感觉。

### 5．允许操作可逆

操作应该可逆，这对于不具备专业知识的操作人员相当有用。可逆的动作可以是单个的操作，也可以是一个相对独立的操作序列。对大多数动作应允许恢复（UN-DO），对用户出错采取比较宽容的态度。

### 6．设计良好的联机帮助

虽然对于熟练用户来说，联机帮助并非必需。但是对于不熟练用户，特别是新用户来说，联机帮助具有非常重要的作用。人机界面应该提供上下文敏感的求助系统，让用户及时获得帮助，尽量用简短的动词和动词短语提示命令。

### 7．合理划分并高效地使用显示屏幕

只显示与上下文有关的信息，允许用户对可视环境进行维护，如放大、缩小窗口分隔不同种类的信息，只显示有意义的出错信息，避免因数据过多而使用户厌烦；隐藏当前状态下不可用的命令。

上述原则都是进行图形用户界面设计应遵循的最基本的原则。除此之外，针对图形用户界面的不同组成元素，还有许多具体的设计原则。

## 七、Web 界面设计

### （一）Web 界面及相关概念

Web 是一个由许多互相链接的超文本文档组成的系统。分布在世界各地的用户能够通过 Internet 对其访问，进行彼此交流与共享信息。在这个系统中，每个占用的事物都被称为一种"资源"，其由一个全局"统一资源标识符"（URI）标识；这些资源通过超文本传输协议传送给用户；而用户通过点击链接来获得这些资源。

### （二）Web 界面设计原则

一般的 Web 界面设计应该遵循以下几个基本原则。

### 1．以用户为中心

以用户为中心是 Web 界面设计必须遵循的一个主要原则。它要求把用户放在第一位。设计时既要考虑用户的共性，同时也要考虑它们之间的差异性。

一方面，不同类别的 Web 网站，面向的访问群体不同；同一类型的 Web 网站，用户群体也有年龄、行业等差别。因此，Web 界面的设计只有了解不同用户的需求，才能在设计中体现用户的核心地位，设计出更合理、能满足用户需求的界面，以吸引用户。

另一方面，设计者也需要考虑目标用户的行为方式。按照人机工程学的观点，行为方式是人们由于年龄、性别、地区、种族、职业、生活习俗、受教育程度等原因形成的动作习惯、办事方法。行为方式直接影响人们对网站的操作使用，是设计者需要加以考虑或利用的因素。

### 2．一致性

Web 界面设计还必须考虑内容和形式的一致性。首先，内容指的是 Web 网站显示

的信息、数据等，形式指的是 Web 界面设计的版式、构图、布局、色彩以及它们所呈现出的风格特点。Web 界面的形式是为内容服务的，但本身又有自己的独立性和艺术规律，其设计必须形象、直观，易于被浏览者所接受。

其次，Web 界面自身的风格也要一致性，保持统一的整体形象。Web 网站标识以及界面设计标准决定后，应积极地应用到每一个界面上。例如，各个界面要使用相同的页边距、文本、图形之间保持相同的间距；主要图形、标题或符号旁边留下相同的空白；如果在第一页的顶部放置了公司标志，那么在其他各界面都放上这一标志；如果使用图标导航，则各个界面应当使用相同的图标。另外，界面中的每个元素也要与整个界面的色彩和风格上一致，比如文字的颜色要同图像的颜色保持一致并注意色彩搭配的和谐等。

### 3. 简洁与明确

Web 界面设计属于设计的一种，要求简练、明确。保持简洁的常用做法是使用一个醒目的标题，这个标题常常采用图形来表示，但图形同样要求简洁。另一种保持简洁的做法是限制所用的字体和颜色的数目。另外，界面上所有的元素都应当有明确的含义和用途，不要试图用无关的图片把界面装点起来。

此外，Web 界面设计时需要尽量减少浏览层次。网页的层次越复杂，实际内容的访问率也将越低，信息也就越难传达给浏览者。所以，设计 Web 界面时要尽量把网页的层次简化，力求以最少的点击次数找到具体的内容。

### 4. 体现特色

设计者应清楚地了解 Web 网站背景、体现主题和服务对象的基本情况，选择合适的表现手法，展示关键信息和特色内容，并形成独特、鲜明的风格。

### 5. 兼顾不同的浏览器

随着 Internet 的发展，浏览器也在不断更新。不同公司不断推出自己的浏览器，同一种浏览器在不同阶段也有不同的版本。由于产品竞争和开发周期等原因，不同浏览器类别和版本在功能支持上有所区别。以某一个浏览器的某一个版本为依据编写的网页程序可能在其他浏览器或其他版本上不能正常显示或运行。因此在 Web 界面设计时，应当根据当时用户浏览器的分布情况决定设计所面向的浏览器类别和版本，在设计开发和使用某些功能时要在这些浏览器上进行全面测试，以保证其正常工作。

### 6. 明确的导航设计

由于网站越来越复杂，导航系统变得十分有必要。导航系统是网站的路径指示系统，可指导浏览者有效地访问网站。只要能够让用户感觉到他们能以一种满意的方式找到所需的信息，这样的导航系统才是合适的。导航系统的设计要从使用者的角度来考虑，力争做到简便、清晰和完整一致。在网站的导航设计中，网站首页导航应尽量展现整个网站的架构和内容；另外导航要能让浏览者确切地知道自己在整个网站中的位置，可以确定下一步的浏览去向。

## (三) Web 风格与布局色彩设计

无论是哪种类型的 Web 网站，想要把界面设计得丰富多彩，吸引更多的用户前来访问，Web 界面规划都是至关重要的。

在规划设计 Web 界面时，第一个步骤就是要明确网站的目标和用途。Web 界面的布局、元素的设计都要以这个目标为中心。

## 1. 内容

Web 界面的内容不仅要遵循简洁明确的原则，还要符合确定的设计目标，面向不同的对象要使用不同的口吻和用词。例如，面对广泛消费者的网站应当用通俗的词汇、引人注目的广告方式、个性化并有趣味性的语言等；但是，面对专业人员设计的网站就应当采用最科学、最准确的词语和表达方式，避免可能造成任何误解，尤其是推销式的语言。

## 2. 风格

Web 界面的风格是指网站的整体形象给浏览者的综合感受。这个整体形象包括网站的标志、色彩、字体、布局、交互方式、内容价值、存在意义等。

## 3. 布局

Web 界面布局就是指如何合理地在界面上分布内容。在 Web 界面设计中，应努力做到布局合理化、有序化、整体化。优秀的作品，善于以巧妙、合理的视觉方式使一些语言无法表达的思想得以阐述，做到丰富多彩而又简洁明了。

常用的 Web 界面布局形式有以下几种：

①"同"字形结构布局。该布局就是指界面顶部为主菜单，下方左侧为二级栏目条，右侧为链接栏目条，屏幕中间显示具体的内容。其优点是界面结构清晰、左右对称、主次分明，因而得到广泛的应用。缺点是太过规矩呆板，需要善于运用细节色彩的变化进行调剂。

②"国"字形结构布局。"国"字形结构布局在"同"字形结构布局的基础上，在界面下方增加一横条菜单或广告，其优点是充分利用版面、信息量大、切换方便。还有的网站将界面设计成镜框的样式，显示出网站设计师的品位。

③左右对称布局。采取左右分割屏幕的方法形成对称布局。优点是自由活泼，可显示较多文字和图像。缺点是两者有机结合较为困难。

④自由式布局。自由布局结构，常用于文字信息量少的时尚类和设计类网站。其优点是布局随意，外观漂亮，吸引人。缺点是显示速度慢。

## 4. 色彩

Web 网站给人的第一印象来自视觉冲击。颜色元素在网站的感知和展示上扮演重要的角色。某个企业或个人的风格、文化和态度可以通过 Web 界面中的色彩混合、调整或者对照的方式体现出来。所以，确定网站的标准色彩是相当重要的一步。一个网站的标准色彩不宜超过三种，太多则让人眼花缭乱。标准色彩主要用于网站的标志、标题、主菜单和主色块，给人以整体统一的感觉。

一般地，Web 界面中的色彩选择可考虑以下原则：

①鲜明性。网页的色彩要鲜艳，容易引人注目。

②独特性。要有与众不同的色彩，使得浏览者印象深刻。

③合适性。色彩和所表达的内容气氛相适合。

④联想性。不同色彩会产生不同的联想，选择色彩要和所设计网页的内涵相关联。

⑤和谐性。在设计 Web 界面时，常常遇到的问题就是色彩的搭配问题。不同的色彩搭配会产生不同的效果，并可能影响到访问者的情绪。一般说来，普通的底色应融合、素雅，配上深色文字，读起来自然。而为了追求醒目的视觉效果，可以使用较深的颜色，然后配上对比鲜明的字体，如白色字、黄色字或蓝色字。

# 第七章　计算机软件总体与详细设计流程

## 第一节　总体设计流程

### 一、软件设计概述

如果说软件是一种"缔造力"的话，那么"设计"就是让这一缔造力具体化出美的手段，因为"设计"本身就是浮现出美的方式之一。

软件设计的输入为需求，包括功能需求、性能需求以及其他的需求，它的输出为系统结构设计、数据设计及过程设计，这些设计成果都将作用于后续的编码、测试等工作。由此可见，在设计中所做出的决策将最终影响到软件实现的成功与否，同样也会影响到软件产品维护的难易程度。所以说软件设计是软件开发中非常重要的一个阶段，是整个软件工程和软件维护步骤的基础。这正好比盖房子需要打地基一样，一个没有地基的房子必然是不稳固的，经不起任何的风吹雨打，一旦倒塌重建，必将费时费力，又费钱。

#### （一）设计任务

软件设计是将需求描述的"做什么"问题变为一个具体实施方案的创造性过程，其主要任务是使用某种设计方法，将在软件分析中通过数据、功能和行为模型所展示的软件需求信息传递给设计，生成数据或者类设计、架构设计、接口设计及组件设计等。

数据/类设计将类分析模型变换成类的实现和软件实现所需要的数据结构。CRC索引卡定义的类和关系、类属性和其他表示法所刻画的详细数据内容为数据设计活动提供了基础。在与软件架构设计连接中可能会有部分的类设计，更详细的类设计则在设计每个软件组件时进行。

架构设计定义了软件主要结构元素之间的联系、可用于达到系统所定义需求的架构风格和设计模式以及影响架构实现方式的约束。架构设计表示的是基于计算机系统的框架，可以从系统规格说明、分析模型和分析模型中定义的子系统的交互导出。

接口设计描述了软件内部、软件和协作系统之间以及软件和使用人员之间是如何通信的。接口就意味着信息流（如数据流和/或控制流）和特定的行为模型。因此，使用场景和行为模型为接口设计提供了所需的大量信息。

组件级设计将软件架构的结构性元素变换为对软件组件的过程性描述。从基于类的模型、流模型和行为模型获得的信息可作为组间设计的基础。

#### （二）设计目标

软件设计是一个迭代的过程，通过设计，需求被变换为构建软件的"蓝图"。初始时，蓝图描述了软件的整体视图，也就是说，设计是在高抽象层次上的表达——在该层次上可以直接跟踪到特定的系统目标和更详细的数据、功能和行为需求。随着设计迭代的开始，后续精化导致更低抽象层次的设计表示。

在进行软件设计的过程中，要密切关注软件的质量因素。McGlanghlin 给出软件设计过程的目标：

①设计必须实现分析模型中描述的所有显式需求，必须满足用户希望的所有隐式需求；

②设计必须是可读、可理解的，使得将来易于编程、易于测试、易于维护；

③设计应从实现角度出发，给出与数据、功能、行为相关的软件全貌。

通过软件设计，将实现以下三个主要目标：①为系统制订总的蓝图；②权衡出各种技术和实施方法的利弊；③合理利用各种资源，精心规划出系统的一个总的设计方案。

一份优秀的设计方案必须满足以下技术标准：

①设计应展示出这样一种结构：已经使用可识别的体系结构风格或模式创建；由展示出良好设计特征的组件构成；能够以演化的方式实现，从而便于实现和测试。

②设计应当模块化，从逻辑上将软件划分为完成特定功能或子功能的组件。

③设计应当包含数据、体系结构、接口和组件的清楚表示。

④设计应当导出数据结构，这些数据结构属于要实现的类，并由可识别的数据模式提取。

⑤设计应当导出具有独立功能特征的模块。

⑥设计应当建立能够降低模块与外部环境之间连接的复杂性的接口。

⑦设计应当根据软件需求分析获取的信息，建立可驱动、可重复的方法。

⑧应使用能够有效传达其意义的表示法来表达设计。

## (三) 设计过程

软件设是一个把软件需求变换成软件表示的过程，最初这种表示只是描绘出软件的总的框架，然后进一步细化，在框架中填入细节，把它加工成在程序细节上非常接近于源程序的软件表示。从工程管理的角度来看，软件设计分两步完成：首先做总体设计，将软件需求转化为软件的系统结构和数据结构；然后是详细设计，即过程设计，通过对软件结构细化，得到软件的详细算法和数据结构。

总体设计又称为初步设计或概要设计，其基本目的是概要地说明系统应该怎样实现，在总体设计过程中需要完成的工作具体有以下几个方面。

### 1. 制定规范

在进入软件开发阶段之初，首先应为软件开发组制定在设计时应该共同遵守的标准，以便协调组内各成员的工作，具体包括以下内容：

①阅读和理解软件需求说明书，在给定的预算范围内和技术现状下，确认用户的要求能否实现。若不能实现，则需明确实现的条件，从而确定设计的目标，以及它们的优先顺序。

②根据目标确定最适合的设计方法。

③规定设计文档的编制标准，包括文档体系、用纸及样式、记述详细的程度、图形的画法等。

④规定编码的信息形式（代码体系），与硬件、操作系统的接口规约，命名规则等。

## 2. 软件系统结构的总体设计

在需求分析阶段，已经从系统开发的角度出发，把系统按功能逐次分割成层次结构。使每一部分完成简单的功能且各个部分之间又保持一定的联系，这就是总体设计。在设计阶段，基于这个功能的层次结构把各个部分组合起来成为系统。它包括以下内容：①采用某种设计方法，将一个复杂的系统按功能划分模块的层次结构。②确定每个模块的功能，建立与已确定的软件需求的对应关系。③决定模块之间的调用关系。④决定模块间的接口，即模块间传递的数据，设计接口的信息结构。⑤评估模块划分的质量及导出模块结构的规则。

## 3. 模块设计

①确定为实现软件系统的功能需求必需的算法，评估算法性能。

②确定为满足软件系统的性能需求必需的算法和模块间的控制方式。

③确定外部信号的接收发送形式。

## 4. 数据结构设计内容

确定软件涉及的文件系统的结构以及数据库的模式、子模式，进行数据完整性和安全性的设计。它包括以下内容：

①确定输入、输出文件的详细数据结构。

②结合算法设计，确定算法所必需的逻辑数据结构及其操作。

③确定逻辑数据结构所必需的哪些操作的程序模块（软件包）。限制和确定各个数据设计决策的影响范围。

④若需要操作系统或调度程序接口所必需的控制表等数据，确定其详细的数据结构和使用规则；

⑤数据的保护性设计：防卫性设计：在软件设计中就插入自动检错、报错和纠错功能。

一致性设计：有两个方面。其一是保证软件运行过程中所使用的数据类型和取值范围不变；其二是在并发处理过程中使用封锁和解除封锁机制保持数据不被破坏。

冗余性设计：针对同一问题，由两个开发者采用不同的程序设计风格、不同的算法设计软件，当两者运行结果之差不在允许范围内时，利用检错系统予以纠正，或使用表决技术 决定一个正确的结果，以保证软件容错。

## 5. 可靠性设计

可靠性设计也叫做质量设计。在使用计算机的过程中，可靠性是很重要的。可靠性不高的软件会使得运行结果不能使用而造成严重损失。从某种意义上讲软件可靠性是指程序和文档中的错误少。与硬件不同，软件越实用可靠性越高。但是在运行过程中，为了适应环境的变化和用户新的要求，需要经常对软件进行改造和修改，这就是软件维护。由于软件的维护往往会产生新的故障，所以要求在软件开发期间应当尽早找出差错，并在软件开发的一开始就要确定软件的可靠性和其他质量指标，考虑相应措施，以使得软件易于修改和易于维护。

### 6．编写总体设计阶段的文档

总体设计阶段完成时应编写以下文档：

①总体设计说明书。给出系统目标、总体设计、数据设计、处理方式设计、运行设计、出错设计等。

②数据库说明书，给出所使用的数据库简介、数据模式设计、物理设计等。

③用户手册。对需求分析阶段所编写的初步的用户手册进行评审。

④制订初步的测试计划。对测试的策略、方法和步骤提出明确的要求。

### 7．总体设计评审

在完成以上几项工作之后，应当组织对总体设计工作的评审。评审的内容包括以下内容：

①可追溯性：即分析该软件的系统结构、子系统结构，确认该软件设计是否覆盖了所有已确定的软件需求，软件每一成分是否可追溯到某一项需求。

②接口：即分析软件各部分之间的联系。确认该软件的内部接口与外部接口是否已经明确定义。模块是否满足高内聚低耦合的要求。模块作用范围是否在其控制范围之内。

③风险：即确认该软件设计在现有技术条件下和预算范围内是否能按时实现。

④实用性：即确认该软件设计对于需求的解决方案是否实用。

⑤技术清晰性：即确认该软件设计是否以一种易于翻译成代码的形式表达。

⑥可维护性：从软件维护的角度出发，确认该软件设计是否考虑了方便未来的维护。

⑦质量：即确认该软件设计是否表现出良好的质量特征。

⑧各种选择方案：看是否考虑过其他方案，比较各种选择方案的标准是什么。

⑨限制：评估对该软件的限制是否现实，是否与需求一致。

⑩其他具体问题：对于文档、可测试性、设计过程等进行评估。

这里需要特别注意：软件系统的一些外部特征的设计，例如软件的功能、一部分性能以及用户的使用特性等，在软件需求分析阶段就已经开始。这些问题的解决多少带有一些"怎么做"的性质，因此有人称之为软件的外部设计。

在详细设计阶段需要完成的工作：①确定软件各个组成部分内的算法以及各部分的条件内部数据组织；②选定某种过程的表达形式来描述各种算法；③进行详细设计评审。

软件设计的最终目标是要取得最佳方案。"最佳"是指在所有候选方案中，就节省开发费用、降低资源消耗，缩短开发时间的条件，选择能够赢得较高的生产率、较高的可靠性和可维护性的方案。在整个设计过程中，各个时期的设计结果需要经过一系列的设计质量的评审，以便及时发现和及时解决在软件设计中出现的问题，防止把问题遗留到开发的后期阶段，造成后患。在评审以后，必须针对评审中发现的问题，对设计的结果进行必要的修改。

## 二、设计原则

### (一) 简单原则

简单原则也称为懒人原则，是指在设计中要坚持简约原则，避免不必要的复杂化。

"Kiss"原则要求我们在设计复杂系统时尽可能地简化方案的范围、设计与实施。比如：采用帕累托法则来简化项目范围；从成本效率和可扩展性的角度对项目设计方案进行简化；利用他人的经验来简化项目的实施等。

"Kiss"原则引申开来就是只考虑和设计必需的功能，避免过度设计。

简单的设计也许不是最好的解决方案，但却是最适合的方案，它所带来的简洁性、易维护性、可扩展性都将使我们受益匪浅，已经成为目前设计上最被推崇的设计原则之一。

### (二) 模块化

模块是数据说明、可执行语句等程序对象的集合，它是构成程序的基本构件。每个模块均有标识符标识。如过程、函数、子程序和宏等，都可作为模块。

模块化就是把程序划分成独立命名且可独立访问的模块，每个模块完成一个子功能，若干个模块构成一个整体，共同完成用户需求。

模块化的目的是使一个复杂的大型软件简单化。如果一个大型软件仅由一个模块组成，它将很难理解，因此，经过细分（模块化）之后，将变得容易理解。

对模块的评价可以采用如下标准：

①模块的可分解性：把问题分解为子问题的系统化机制。

②模块的可组装性：把现有的可重用模块组装成新系统。

③模块的可理解性：一个模块作为独立单元，不需要参考其他模块来理解。

④模块的连续性：系统需要的微小修改只导致对个别模块，而不是对整个系统的修改。

⑤模块的保护性：当一个模块内出现异常情况时，它的影响局限在该模块内部。

采用模块化原理设计软件，可以使软件结构清晰，既容易设计，又容易阅读和修改。程序的错误一般容易出现在模块之间的接口中，模块化使得软件容易测试和调试，有助于提高软件的可靠性。

### (三) 信息隐藏和局部化

信息隐藏是 D. L. Parnas 提出的把系统分解为模块时应遵循的指导思想。应用模块化原理时，自然会产生一个问题："为了得到最好的一组模块，应该怎样分解软件?"信息隐藏原理指出：在设计和确定模块时，应该让该模块内包含的信息对于不需要这些信息的模块来说，是不能访问的，即模块内部的信息对于别的模块来说是隐藏的。当程序要调用某个模块时，只需要知道该模块的功能和接口，不需要了解它的内部结构。这就好比我们使用空调，只需要知道如何使用它，而不需要理解空调内部那些复杂的制冷、制热原理和电路图一样。

信息隐蔽意味着有效的模块化可以通过定义一组独立的模块来实现，这些独立模块彼此间交换的仅仅是那些为了完成系统功能而必须交换的信息。与抽象相比，抽象有利于定义组成软件的过程实体，而隐蔽则定义并加强了对模块内部过程细节或模块使用的任何局部数据结构的访问约束。

局部化的概念和信息隐蔽概念是密切相关的，所谓局部化是指把关系密切的软件元素物理地放在一起，要求在划分模块时采用局部数据结构，使大多数过程和数据对软件的其他部分是隐藏的。

显然，局部化有助于实现信息隐蔽，而信息隐蔽又能为软件系统的修改、测试及以后的维护带来好处。

## （四）模块独立性

模块独立性是指每个模块只完成系统要求的独立子功能，并且与其他模块的联系最少且接口简单。模块独立是模块化、抽象、信息隐蔽和局部化概念的直接结果。

在软件开发过程中，保持模块独立的原因主要有两条：

①有效模块化（即具有独立的模块）的软件比较容易开发出来。

②独立的模块比较容易测试和维护。

关于模块的独立程度，可以利用两个定性标准来度量：耦合、内聚，其中耦合是衡量不同模块间彼此互相依赖（连接）的紧密程度；而内聚则是衡量一个模块内部各个元素彼此结合的紧密程度。

### 1．耦合

耦合是对一个软件结构内不同模块之间互连程度的度量。耦合强弱取决于模块间接口的复杂程度，进入或访问一个模块的点以及通过接口的数据。

在软件设计中应该尽可能地采用松散耦合。在松散耦合的系统中测试或维护任何一个总模块都不影响系统的其他模块。由于模块间的联系简单，在一处发生错误就很少有可能传播到整个系统。因此，模块间的耦合程度强烈影响系统的可理解性、可测试性、可靠性和可维护性。

按照模块耦合程度的高低，耦合度可以分为七种，由低到高依次为：无直接耦合、数据耦合、标记耦合、控制耦合、外部耦合、公共耦合和内容耦合。

（1）无直接耦合

无直接耦合指模块间没有直接关系，它们之间的联系完全通过主模块的控制和调用来实现。

（2）数据耦合

数据耦合指模块之间有调用关系，但传递的仅仅是简单的数据值，相当于高级语言中的值传递。

（3）标记耦合

标记耦合指模块之间传递的是数据结构。如高级语言中的数组名、记录名、文件名等即为标记，传递的是这个数据结构的地址。

（4）控制耦合

控制耦合指一个模块调用另一个模块时，传递的是控制变量（如开关、标志）。

（5）外部耦合

外部耦合指模块间通过外部环境相互联系。

（6）公共耦合

公共耦合指通过一个公共数据环境相互作用的模块间的耦合。公共数据环境可以是全局变量或数据结构，共享的通信区、内存、文件、物理设备等。如果只有两个模块有公共环境，那么这种耦合有两种可能：①一个模块向公共环境送数据，另一个模块从公共环境取数据。这是数据耦合的一种形式，是比较松散的耦合；②两个模块既往公共环境送数据，又从公共环境取数据。这种耦合比较紧密，介于数据耦合和控制耦合之间。

（7）内容耦合

内容耦合是最高程度的耦合，当一个模块直接使用另一个模块的内部数据或通过非正常的入口而转入另一模块内部或两模块间，有一部分程序代码重叠时，就是内容耦合。

模块独立要求在软件设计中满足"低耦合高内聚"，为了降低模块间的耦合度，可采取以下措施：①在耦合方式上降低模块间接口的复杂性。包括：接口方式、接口信息的结构和数据；②在传递信息类型上尽量使用数据耦合，避免控制耦合，限制公共环境耦合，不使用内容耦合。

2. 内聚

内聚指模块功能强度的度量，即一个模块内部各个元素彼此结合的紧密程序的度量。若一个模块内各元素（语句之间、程序段之间）联系得越紧密，则它的体聚性就越高。

内聚性由低到高可分为七种：偶然内聚、逻辑内聚、时间内聚、过程内聚、信息内聚、顺序内聚、功能内聚。

①偶然内聚：指一个模块内的各处理元素之间没有任何联系即使有联系也是非常松散的。

②逻辑内聚：指模块内执行几个逻辑上相同或相似的功能，通过参数确定该模块完成哪一功能。

③时间内聚：一个模块包含的任务必须在同一段时间内执行，就称时间内聚。如初始化一组变量，同时打开或关闭若干个文件等。

④过程内聚：指各工作单元间有一定联系，且必须按规定次序执行。

⑤信息内聚：指模块内所有处理元素都在同一数据结构上操作，或指各处理使用相同的输入数据或产生相同的输出数据。如完成"建表""查表"等。

⑥顺序内聚：指一个模块中各处理元素都密切相关于同一功能且必须顺序执行，前一功能元素的输出就是下一功能元素的输入。

⑦功能内聚：指模块内所有元素共同完成一个功能，缺一不可，因此模块不可再分。

耦合和内聚是模块独立性的两个定性标准，在软件系统划分模块时，尽量做到高内聚低耦合，提高模块的独立性。而要做到高内聚低耦合，关键是要实现功能内聚，也就是一个方法实现一个功能。它要求按照功能逻辑组织代码，采用分而治之的策略，一个功能逻辑对应一个方法，读起来清晰易懂，既增加了方法的内聚，又减少了方法间的耦合，有利于提高代码的通用性、复用性以及可维护性。

## 三、设计方法

关注点分离是计算机科学中最重要的努力目标之一。SOC 是指在软件开发中通过各种手段将问题的各个关注点分离开。如果一个问题能够被分解为一些相对独立且规模较小的子问题，那么该问题就是相对容易解决的。问题过于复杂时，要解决该问题所需要关注的点就太多。

实现关注点分离的方法主要有两种：一种是标准化，另一种是抽象与包装。标准化就是制定一套让所有使用者都要遵守的标准，将人们的行为统一起来，这样使用标准的人就不用担心别人会有很多种不同的实现，使自己的程序不能和别人的配合。Java EE 就是一个标准的大集合。每个开发者只需要关注于标准本身和他所在做的事情就行了就像是开发螺丝钉的人只需专注于开发螺丝钉就行了，而不用关注螺帽是怎么生产的，反正螺帽和螺丝钉按标准来就一定能合得上。抽象与包装是指对程序中的某些部分进行抽象并包装起来，从而实现关注点的分离。一旦一个函数被抽象出来并实现了，那么使用函数的人就不用关心这个函数是如何实现的，同样地，一旦一个类被抽象并实现了，类的使用者也不用再关注于这个类的内部是如何实现的。诸如组件、分层、面向服务等这些概念都是在不同的层次上做抽象与包装，让使用者不用关心它的内部实现细节。

## 四、数据设计

总体设计阶段的数据设计可以理解为对需求阶段产生的数据字典的细化，即需求阶段数据域模型的精化。在功能域中，所有的操作与处理都是作用于数据域中的数据上的，所以良好的数据设计对软件质量的影响是很重要的。

数据设计，首先需要在高层（用户角度）建立一个数据（信息）模型，然后再逐步将这个数据模型变为将来进行编码的模型。目前的数据模型主要有两种：数据库管理系统（DBMS）和文件存储模式。其中，数据库管理系统已经是比较成熟的技术，尤其是关系数据库管理系统，是很多软件设计者采用的数据存储和管理工具。

### （一）文件设计

文件设计是指根据文件的使用要求、处理方式、存储容量、数据的灵活性以及所提供硬件设备的条件等，合理地确定文件类型，选择文件媒体，决定文件的组织方式和存取方法。对于文件的组织方式，往往需要根据文件的特征来确定，常见的文件组织方式有以下几个方面。

### 1. 顺序文件

顺序文件主要分为两种类型：连续文件和串联文件。连续文件是指文件的全部记录顺序地存储在外存的一片连续区域中，该文件组织方式存取速度快、处理简单，且存储利用率高。但是需要事先定义存储区域的大小，且不能扩充。串联文件是指文件记录成块地存放在外存中，对于每一块，记录都顺序地连续存放，但是块与块之间可以不邻接，利用一个块拉链指针将这些块顺序地链接起来。这种文件组织方式使得文件可以按需求扩充，存储利用＝率高，但是影响了存取和修改的效率。

### 2. 直接存取文件

直接存取文件中的记录在逻辑顺序与物理顺序上不一定相同，但是记录的关键字值直接指定了记录的地址，可以根据记录的关键字值，通过计算直接得到记录的存放地址。

### 3. 索引顺序文件

其基本的数据记录按照顺序文件方式组织，记录排列顺序必须按照关键字值升序或者降序安排，同时具有索引部分，且索引部分也按照同一关键字进行索引。在查找记录时，可以先在索引中按照该记录的关键字值查找有关的索引项，找到后，从该索引项取到记录的存储地址，再按照该地址检索记录。

### 4. 分区文件

这类文件主要是存放程序，由若干称为成员的顺序组织的记录组和索引组成。每一个成员是一个程序，利用索引给出各个成员的程序名、开始存放位置和长度，只要给出一个程序名，就可以在索引中查找到该程序的存放地址和程序长度，从而取出该程序。

### 5. 虚拟存储文件

这是基于操作系统的请求页式存储管理功能而建立的索引顺序文件，它的建立使用户能够统一处理整个内存和外存空间，从而方便了用户使用。

## (二) 数据库设计

按照规范化设计方法，数据库的设计可以分为六个阶段：需求分析、概念设计、逻辑设计、物理设计、数据库实施、数据库运行与维护。

### 1. 需求分析

进行数据库设计首先必须准确了解和分析用户需求，包括数据预处理需求。作为整个设计过程的基础，需求分析做的是否充分与准确，决定了在其上构建的"数据库大厦"的速度与质量。需求分析做得不好，可能会导致整个数据库的重新设计，因此，需求分析务必引起高度重视。

### 2. 概念设计

概念设计是整个数据库设计的关键，它通过对用户需求进行综合、归纳与抽象，形成了同一个独立于具体 DBMS 的概念模型。如果采用基于 E－R 模型的数据库设计方法，该阶段就程将所设计的对象抽象成 E－R 模型；如果采用用户视图法，则应设计出不同的用户视图。

### 3. 逻辑设计

逻辑设计阶段的任务是将概念设计阶段得到的基本概念模型，转换成与选用的DBMS 产品所支持的数据模型相符合的逻辑结构。如果采用基于 E－R 模型的数据库设计方法，则该阶段就是将所设计的 E－R 模型转换为某个 DBMS 所支持的数据模型；如果采用用户视图法，则应该进行表的规范化，列出所有关键字以及用数据结构图描述表集合中的约束与联系，汇总各用户视图的设计结果，将所有的用户视图合成一个复杂的数据库系统。

### 4．物理设计

数据库的物理设计是为逻辑数据模型选取一个最适合应用环境的物理结构，包括存储结构和存取方法。通常，物理设计可分四步完成。

（1）存取记录结构设计

存取记录结构设计包括记录的组成、数据项的类型、长度以及逻辑记录到存储记录的映射。

（2）确定数据存放位置

可以采用"记录聚簇"技术把经常同时访问的数据组合在一起。

（3）存取方法的设计

存取路径分为主存取路径及辅存取路径，前者用于主键检索，后者用于辅助键检索。

（4）完整性和安全性考虑

设计者应在完整性、安全性、有效性和效率方面进行分析，做出权衡。

### 5．数据库实施

根据逻辑设计和物理设计的结果，在计算机系统上建立起实际数据库结构、装入数据、测试和试运行的过程称为数据库的实施阶段。该阶段主要包括三项工作：

①建立实际数据库结构。

②装入试验数据，对应用程序进行调试。

③装入实际数据，进入试运行状态。此时需要测量系统的性能指标是否符合设计目标，如果不符合，则应返回到前面，修改数据库的物理设计甚至逻辑设计。

### 6．数据库运行与维护

数据库系统正式运行，标志着数据库设计与应用开发工作的结束和维护阶段的开始。运行维护阶段的主要任务有 4 项：

①维护数据库的安全性与完整性。检查系统安全性是否受到侵犯，及时调整授权和密码，实时系统转储与备份，以便发生故障后及时恢复。

②检测并改善数据库运行性能。对数据库的存储空间状况及响应时间进行分析评价，并结合用户反馈确定改进措施。

③根据用户要求对数据库现有功能进行扩充。

④及时改正运行中发现的系统错误。

# 第二节 详细设计流程与应用

## 一、详细设计概述

### （一）详细设计的任务

软件详细设计的任务是为软件结构图中的每个模块确定所采用的算法和块内数据结构，用某种选定的表达工具给出清晰的描述，表达工具可以自由选择，但工具必须具有描述过程细节的能力，而且能有利于程序员在编程时直接翻译成用程序设计语言书写的源程序。

详细设计的基本任务包括以下内容：

①为每个模块进行详细的算法设计。用某种图形、表格、语言等工具将每个模块处理及过程的详细算法描述出来。

②为模块内的数据结构进行设计。对需求分析、概要设计确定的概念性的数据类型进行确切的定义。

③对数据结构进行物理设计，即确定数据的物理结构。物理结构主要指数据的存储记录格式、存储记录安排和存储方法。

④其他设计：根据软件系统的类型，还可能要进行以下设计：一是编码设计为了便于数据的输入、分类、存储、检索等操作，节约内存空间，对数据中的某些数据项的值要进行编码设计；二是输入/输出格式设计；三是人机对话设计对于一个实时系统，用户与计算机频繁对话，因此，要进行对话方式、内容、格式的具体设计。

⑤编写详细设计说明书。

⑥评审。对处理过程的算法和数据的物理结构都要评审。

## （二）详细设计的内容

详细设计通常包括如下内容。

### 1. 模块接口设计

①对用于持久化的文件进行设计，设计的内容应包含文件的存放位置、文件名称、内容编码、内容结构、读写控制机制等。

②对持久化内存数据进行设计，设计的内容应包含数据的存储格式、数据的缓存刷新机制、数据的读写时机和方式等。

③对数据库进行物理设计，设计的内容应包含：表、视图、存储过程等。

### 2. 模块功能设计

①对模块/子模块的命名空间进行设计，如对源代码的包结构进行设计；②对模块/子模块的内部功能流程进行设计，将功能和职责细分到具体的类；③对于核心的类进行属性和方法进行设计；④对复杂的计算进行算法设计；⑤共通功能设计；⑥对异常、错误、消息和日志进行详细的设计；⑦对内存管理、线程管理等进行设计；⑧对系统性能诸如抗压性、吞吐量、响应速度、安全性等进行设计。

## （三）详细设计的过程

在详细设计阶段，设计者的工作对象是一个模块，根据概要设计赋予的局部任务和对外接口，设计并表达出模块的算法、流程、状态转换等内容。这里要注意，如果发现有结构调整的必要，必须返回到概要设计阶段，将调整反映到概要设计文档中。

详细设计文档最重要的部分是模块的流程图、状态图、局部变量及相应的文字说明等，一个模块一篇详细设计文档。概要设计文档相当于机械设计中的装配图，而详细设计文档相当于机械设计中的零件图。文档的编排、装订方式也可以参考机械图纸的方法。

详细设计包括以下五个步骤：①确定每个模块所要使用的数据结构；②确定每个模块采用的算法，选取适当的表达工具将这些算法清晰地表达出来；③确定模块接口，包括外部软硬件接口和用户界面设计、模块间的接口实现，以及模块内部的输入输出数据及局部数据的实现；④编写详细设计阶段的文档，详细设计说明书；⑤对结构图的每一个模块设计出一组测试用例。

## 二、设计准则

模块的逻辑描述要清晰易读、正确可靠，这是详细设计的基本要求，也是最高准则。

### （一）避免重复

避免重复是一个最简单也最基本的准则。它很容易被理解，但却可能是最难被应用的一个准则，因为要做到避免重复，需要在泛型设计上做出相当的努力，而这并不是一件容易的事情，它意味着当我们在两个或者多个地方发现相似代码的时候，把相似代码的共性抽象出来形成一个唯一的新方法，并且改变现有地方的代码，使其能够以一些合适的参数来调用这个新的方法。

### （二）逐步求精

逐步求精最初是由 Niklaus Wirth 提出的一种自顶向下的设计策略。按照这种设计策略，程序结构将按照自顶向下的方式对各个层次的过程细节和数据细节逐步求精，直到能够使程序设计语言的语句实现为止。设计的初始说明只是概念性地描述了系统的功能或信息，并未提供有关功能的内部实现机制或内部结构的任何信息，设计人员对初始说明仔细推敲，进行功能细化或信息细化，给出实现细节，划分出若干成分，然后再对这些成分进行细化。随着细化工作的逐步进行，设计人员就能够得到越来越多的细节。

逐步求精是解决复杂问题时采用的基本方法，也是软件工程技术（如规格说明技术、设计和实现技术）的基础。它和抽象是两个互补的概念，抽象使设计人员忽略低层的细节，重点描述结构、过程和数据，而逐步求精则有助于设计人员在设计过程中揭示低层的细节，两者均能够帮助设计人员在设计工作中逐步建立起完整的设计模型。

程序设计遵循"自顶而下，逐步求精"的设计思想，其出发点是从问题的总体目标开始，抽象低层的细节，先专心构造高层的结构，然后再一层一层地分解和细化。这使设计者能把握主题，高屋建瓴，避免一开始就陷入复杂的细节中，使复杂的设计过程变得简单明了，过程的结果也容易做到正确可靠，其优点具体如下：

①自顶向下、逐步求精的方法是人类解决复杂问题的普遍规律，可以显著提高软件开发工程的成功率和生产率。

②用先全局后局部，先整体后细节，先抽象后具体的逐步求精过程开发出的程序有着清晰的层次结构，容易阅读和理解。

③不使用 GOTO 语句，仅使用单人口、单出口的控制结构，使得程序的静态结构和动态执行情况比较一致。

④控制结构有确定的逻辑模式，编写程序代码只限于使用很少几种直截了当的方式，因此源程序清晰流畅，易读、易懂、易于测试。

⑤程序清晰和模块化使得在修改和重新设计一个软件时可重用的代码量很大。

⑥程序的结构清晰，有利于程序正确性的证明。

## （三）结构化程序设计

结构化程序设计的原则：代码块仅通过顺序、选择和循环 3 种基本控制结构进行连接，每个代码块只有一个入口和一个出口。

结构化程序设计曾被称为软件发展中的第三个里程碑。该方法的原则是主张使用顺序、选择、循环三种基本结构来嵌套连接成具有复杂层次的"结构化程序"，严格控制 GOTO 语句的使用，用这样的方法编出的程序在结构上具有以下效果：

①以控制结构为单位，只有一个入口，一个出口，所以能独立地理解这一部分。

②能够以控制结构为单位，自上而下顺序地阅读程序文本。

③由于程序的静态描述与执行时的控制流程容易对应，所以能够方便正确地理解程序的动作。

# 三、设计模式

设计模式是方法论，具体可以分为以下几个方面。

## （一）调用返回模式

该模式能够让软件设计师设计出一个相对易于修改和扩展的程序结构，在该类模式中存在几种子模式。

### 1. 主程序/子程序

这种传统的程序结构将功能分解为一个控制层次，其中"主"程序调用一组程序构件，这些程序构件又去调用别的程序构件。

该模式属于单线程控制，即把问题划分为若干个处理步骤，利用主程序和子程序作为系统的构建，通过过程调用的方式进行交互。值得说明的是该模式中各子程序通常可合并成为模块，如果将该程序分布在网络的多台计算机上，就构成了远程过程调用程序。

### 2. 数据抽象与面向对象风格

抽象数据类型概念对软件系统有着重要作用，目前软件界已普遍转向使用面向对象系统。这种风格建立在数据抽象和面向对象的基础上，数据的表示方法和它们的相应操作封装在一个抽象数据类型或对象中。这种风格的构件是对象，或者说是抽象数据类型的实例。对象是一种被称作管理者的构件，因为它负责保持资源的完整性，对象是通过函数和过程的调用来交互的。

面向对象系统有许多优点：①因为对象对其他对象隐藏它的表示，所以可以改变一个对象的表示，而不影响其他的对象。②设计者可将一些数据存取操作的问题分解成一些交互的代理程序的集合。

面向对象的系统也存在着某些问题：①为了使一个对象和另一个对象通过过程调用等方式进行交互，必须知道对象的标识。只要一个对象的标识改变了，就必须修改所有其他明确调用它的对象。②必须修改所有显式调用它的其他对象，并消除由此带来的一些副作用。

## （二）适配器模式

适配器模式将一个类的接口转换成客户希望的另外一个接口。Adapter 模式使得原本由于接口不兼容而不能一起工作的那些类可以一起工作。Adapter 模式的宗旨是保留现有类所提供的服务，向客户提供接口，以满足客户的期望。

适配器模式是一种结构型模式，它将一个类的接口适配成用户所期待的。一个适配允许通常因为接口不兼容而不能在一起工作的类在一起工作，做法是将类自己的接口包裹在一个已存在的类中。

有两类适配器模式：对象适配器模式和类适配器模式。在对象适配器模式中．适配器容纳一个它包裹的类的实例。在这种情况下，适配器调用被包裹对象的物理实体。在类适配器模式下，适配器继承自己实现的类。

## （三）观察者模式

观察者模式（又被称为发布—订阅模式、模型—视图模式、源—收听者模式或从属者模式）是一种行为模式。在这种模式中，一个目标物件管理所有相依于它的观察者物件，并且在它本身的状态改变时主动发出通知。这通常通过呼叫各观察者所提供的方法来实现。此种模式通常被用来实现事件处理系统。

观察者模式完美地将观察者和被观察的对象分离开来。举个例子，用户界面可以作为一个观察者，业务数据是被观察者，用户界面观察业务数据的变化，发现数据变化后，就显示在界面上。观察者模式在模块之间划定了清晰的界限，提高了应用程序的可维护性和重用性。观察者设计模式定义了对象间的一种一对多的依赖关系，以便一个对象的状态发生变化时，所有依赖于它的对象都得到通知并自动刷新。

观察者模式有很多实现方式，从根本上说，该模式必须包含两个角色：观察者和被观察者。在刚才的例子中，业务数据是被观察者，用户界面是观察者。观察者和被观察者之间存在"观察"的逻辑关联，当被观察者发生改变的时候，观察者就会观察到这样的变化，并且作出相应的响应。如果在用户界面、业务数据之间使用这样的观察过程，可以确保界面和数据之间划清界限，假定应用程序的需求发生变化，需要修改界面的表现，只需要重新构建一个用户界面？业务数据不需要发生变化。

实现观察者模式有很多形式，比较直观的一种是使用一种"注册—通知—撤销注册"的形式。观察者将自己注册到被观察对象中，被观察对象将观察者存放在一个容器里。被观察对象发生了某种变化，从容器中得到所有注册过的观察者，将变化通知观察者。观察者告诉被观察者要撤销观察，被观察者从容器中将观察者去除。观察者将自己注册到被观察者的容器中时，被观察者不应该过问观察者的具体类型，而是应该使用观察者的接口。这样的优点是：假定程序中还有别的观察者，那么只要这个观察者也是相同的接口实现即可。一个被观察者可以对应多个观察者，当被观察者发生变化的时候，它可以将消息一一通知给所有的观察者。基于接口而不是具体的实现——这一点为程序提供了更大的灵活性。

# 四、过程设计

过程设计的主要工作就是确定模块内部的结构和算法，得到模块过程描述。

## （一）数据结构设计

数据结构设计能够在很大程度上决定软件的质量，因为数据结构对程序结构及过程复杂性等都起着直接的影响作用，从某种意义上讲，它是设计活动中最重要的一个。无论采用哪一种软件设计技术，没有良好的数据结构设计，是不可能导出良好的软件结构的。

数据结构设计往往和算法设计分不开。数据结构与算法就是指一类数据的表示和与之相关的一些操作，描述的是各数据分量之间的逻辑关系。如：以链表方式存储的一组整数数据以及与之相关的插入、删除、查找和排序等操作。每一种数据结构与算法都有一定的时间和空间的开销，因此，在选择数据结构时，应该明确要解决的问题，了解所采用的存储介质的特性。对于设计人员来说，应该掌握一些常用的数据结构和算法，避免重复设计。最后还要明确数据结构设计是为软件系统服务的，必须符合系统的实际需求。

在设计程序结构时，对于数据结构的选择，要尽可能地使程序结构简单。最初可以仅仅考虑简单的静态结构，然后对其进行存储和执行时间的估算，如果效率过低，则需逐渐地将其改换为复杂的动态结构。此外，还需从软件整体的角度出发，考虑模块的存储容量与执行时间对软件整体所产生的影响。

## （二）算法设计

算法是指解题方案的准确而完整的描述，是一系列解决问题的清晰指令，算法代表着用系统的方法描述解决问题的策略机制。也就是说，能够对一定规范的输入，在有限时间内获得所要求的输出。不同的算法可能用不同的时间、空间或效率来完成同样的任务。一个算法的优劣可以用空间复杂度与时间复杂度来衡量。

一个算法应该具有以下五个重要的特征：有穷性、确切性、输入项、输出项、可行性。一个算法有两个要素：逻辑和控制结构。逻辑是指客观事物本身的规律性，而控制结构反映了各操作之间的执行顺序。

算法设计的关键就是掌握问题处理的逻辑，设计一个处理的方法或过程，然后对其进行形式化或者半形式化，以便用控制结构将处理表达出来。

# 五、系统工程方法在计算机软件设计中的应用

## （一）系统工程方法基本内容

该方法为一类现代科学决策手段，同时也为基础决策技术中的一种。应用此方法将有待处理问题与其相应情况进行边界界定、等级划分，又注重掌控各门类间与内部各因素间整体性与关联，并对静止与片面看法予以否定。在此前提下，它充分针对相应问题、发展状况与全过程进行处理，并且应用科学手段做全盘分析。此方法主要特点为统筹协调性、全面性与实践性等，基本内容包含有创新理念、全局理念与科学理念等。科学理念指的是要本着科学认真的态度对问题进行分析，结合科学规律做软件研发。在对问题进行分析时应当清楚认知问题整体及部分间关联，原因是整体同部分是属于相对概念，分析是具备结构与层次的整体，还是更大型系统重要构成，因此对

问题加以分析应先明确整体和部分间关联，这样才能为全盘考虑问题。而整体观念指的是研究系统对象应当借助系统方法展开，整体作为出发点，然后就此分析与处理问题，让系统整体与部分协调统一。通常意义上而言，部分为系统构成的某些环节，因而整体作用相对部分要大，因此对问题加以研究不但要科学分析每个部分，还应全盘分析整体系统，需要树立全局观。而综合观念指的是对问题分析过程中应当明确系统整体目标，联系各类有关知识与经验，创新系统观，让新生成的功能具备更多优势，即综合提升系统功能与效益。原因是系统工程方法有效融合了现代科技与社会实践经验，因此融入前沿理念与技术同时，应当与时俱进，勇于探索对系统结构与概念加以创新与研发，让系统实现最优质运行结果。

### （二）系统工程方法应用流程

此方法为一类基本决策技术，同时还为一种科学有效决策手段，它工作原理主要是将需处理问题与情况加以划分，同时要把边界规划清楚，对各元素间内在联系与整体性等较为重视，它结合较为先进运动理论与相应手段，对问题进行细节与整体上的处理。系统工程方法实施按照系统整体理念，由系统、要素与环境间联系和功能着手来分析相关对象，寻找到问题最优解决路径。此方法基本流程如下：判别问题解决条件，对系统深入分析进而提出相应举措，选取最佳举措与方案，最后对方案进行检验与评估。注意在应用此方法时，具体步骤如下：一是判定问题解决条件。对有关数据与资料全方位调查与分析，并将资料当中有用信息提炼出来，进而系统掌握提炼信息，判定问题解决要具备条件；二是对系统深入分析进而提出相应解决措施。综合分析问题与提炼信息，尽可能地提出可以解决问题各类方案举措，对方案进行设计过程中，理论与实践参考标准要充分，对各类指标与系统功能要细致分析，确保设计方案可以正常推行；三是将最优方案选取出来。经设计各类方案对比，然后分别分析各方案优点及缺点，由设计方案当中取得最佳方案，确保问题最优化解决；四是方案的推行及检验。判别出问题最佳解决方案以后，就能正常投入运行了，运行阶段要针对系统运行工况加以科学合理评估及检验。

### （三）计算机软件设计中系统工程方法应用设计

近些年计算机相关技术迅猛发展，对计算机软件设计可以说是提出了更高的要求，也带来了更大的工作量。同时软件研发规模与范围也越变越大，使得软件研发与设计遇到了前所未有的发展阻碍。应用系统工程方法，即针对软件设计运行提出一系列行之有效的解决方案。凭借此方法能站在全局角度了解与分析系统任务，细致分析系统各类因素功能，接下来结合模块化技术，将系统层层划分，经系统与其各部分入手，寻找到最佳解决办法，让软件设计相关工作设计时间合理减少，并推动软件设计向前发展。按照系统工程方案流程把软件研发与设计划分成下述几项：明确软件设计任务、论证软件的可操作性、分析使用者需求、软件的简单设计及详细设计、软件编程和测试、软件成效检验和全面发行。

### 1. 任务的明确

计算机的软件研发交办企业关于软件研发系统对研发人员下发具体要求，并对相应任务予以布置。在发布任务环节，交办企业要出示任务书，同时和研发人员签署正规合同，而且对于项目具备直接操控权。研发人员要详细研究任务书，同时对当中内容全面分析。

### 2. 可操作性的论证

研发人员对于需要研发软件系统要做可行性测试，进一步提出能够解决问题的方案，然后通过权威专家评估，相应主管部门授权同意，系统研发工作就可正式开始。同时这也为软件系统研发基础保障，研发人员要细致耐心对市场有用信息进行搜罗以做保障，对市场行情进行调研，然后从各方面法律、经济与技术等考虑运行可行性。

### 3. 使用者需求的分析

结合调查问卷方式掌握使用者对于软件系统有何要求，然后在系统权限设置、性能、功能与运行速度等方面做针对性分析，同时要严格写入说明书，为后续软件研发做好充分保障。

### 4. 精简和详细设计

对软件精简和详细设计为软件研发重难点环节。在软件精简设计方面，要结合以上各项准备，构建预期系统软件总体结构与整体架构还有模块间相互关系，将完整数据结构设计出来，进而对各接口与控制接口下定义四。同时要审核评估相应部分。详细设计主要是针对精简设计进行分层，要符合结构式程序设计的相关原则，然后对模块详细内容进行设计，为接下来的源代码编写打下扎实基础。

### 5. 软件编程和测试

对设计结果进行编程，要符合使用者要求来设计软件语言，或数据库的相应程序等。接下来研发人员要对程序全部模块进行测试，同时联系使用者对组装系统进行测试，进而再做全面测试，给使用者使用手册编写和测试提供方便，而且也做好必要保障。

### 6. 软件成效检验和全面发行

最后研发人员要对系统软件基于使用者使用模拟环境中安装及运行，经正式软件成效检验，证明软件具有可靠实用性以后，再交给使用者，同时要做好后期指导和维护保障。使用者使用过程中，研发人员也要实时监管软件运行情况，而且在软件系统维护方面也要做好十足保障。

# 参考文献

[1]邓达平.计算机软件课程设计与教学研究[M].西安:西安交通大学出版社,2017.

[2]张亮仁.常用计算机辅助药物设计软件教程[M].北京:中国医药科技出版社,2017.

[3]张彬,段国云,杜丹蕾,等.计算机网络[M].北京:中国铁道出版社,2017.

[4]石冰,卜华龙,浮盼盼,等.软件工程[M].合肥:中国科学技术大学出版社,2017.

[5]吕为工,张策.嵌入式计算机系统设计[M].哈尔滨:哈尔滨工业大学出版社,2017.

[6]陈永,张薇,杨磊.软件工程[M].北京:中国铁道出版社,2017.

[7]方志军.计算机导论[M].3版 北京:中国铁道出版社,2017.

[8]王爱平.大学计算机应用基础[M].成都:电子科技大学出版社,2017.

[9]李浪,谢新华,刘先锋.计算机网络[M].第2版 武汉:华中科技大学出版社,2017.

[10]彭梅,陈雪.大学计算机基础[M].北京:中国铁道出版社,2017.

[11]王江涛.电子信息类专业实验教程 计算机软件分册[M].合肥:中国科学技术大学出版社,2018.

[12]邵日攀.计算机软件技术与开发设计研究[M].北京:北京工业大学出版社,2018.

[13]李俊,周凡.大学计算机信息技术[M].镇江:江苏大学出版社,2018.

[14]杨东慧,高璐.大学计算机应用基础[M].上海:上海交通大学出版社,2018.

[15]姜小花,胡晓锋.计算机应用技术[M].北京:北京邮电大学出版社,2018.

[16]刘敏,刘汝媚,黎晓凤,等.大学计算机应用基础[M].武汉:华中科技大学出版社,2018.

[17]张文祥,张强华.计算机应用基础[M].北京:中国铁道出版社,2018.

[18]韩素青,尹志军,陈三丽,等.大学计算机基础[M].北京:北京邮电大学出版社,2018.

[19]鲍鹏.计算机基础[M].重庆:重庆大学出版社,2018.

[20]何颖,杨志奇,李春阁,等.计算机系统平台[M].北京:北京邮电大学出版社,2018.

[21]杨文静,唐玮嘉,侯俊松.大学计算机基础[M].北京:北京理工大学出版社,2019.

[22]文海英,王凤梅,李中文.大学计算机实验教程[M].北京:中国铁道出版社,2019.

[23]刘智珺,张琰,王勇.计算机组成原理[M].武汉:华中科技大学出版社,2019.

[24]柳永念.大学计算机[M].北京:中国铁道出版社,2019.

[25]刘挺,陈劲舟,徐剑.计算机导论[M].哈尔滨:哈尔滨工程大学出版社,2019.

[26]张丽华,楼晓燕,俞婷.大学计算机[M].北京:北京邮电大学出版社,2019.

[27]段莎莉.计算机软件开发与应用研究[M].长春:吉林人民出版社,2021.

[28]李林启,康东书,郭玲.计算机软件著作权保护制度研究[M].北京:光明日报出版社,2021.

[29]高永强.计算机软件课程设计与教学研究[M].北京:北京工业大学出版社,2020.

[30]赵亮.计算机软件测试技术与管理研究[M].北京:中国商业出版社,2020.

[31]黄莺,侯小俊,陆芳珍.高职学生专利与计算机软件著作权申报[M].成都:西南交通大学出版社,2021.

[32]胡伟武,汪文祥,苏孟豪,等.计算机体系结构基础[M].3 版 北京:机械工业出版社,2022.

[33]宫云战.软件测试教程[M].3 版 北京:机械工业出版社,2022.

[34]张敏言,张小平,吕钊,等.计算机辅助图形设计 Photoshop 实例制作[M].北京:中国纺织出版社,2022.

[35]苏志龙,许纬纬.园林计算机辅助设计[M].昆明:云南大学出版社,2022.

[36]张仁津.软件设计开发方法与技巧[M].北京:中国铁道出版社,2022.